城市能源
碳中和
丛 书

光伏幕墙
设计与施工

梁方岭 赵永红 编著

U0173304

中国建筑工业出版社

图书在版编目(CIP)数据

光伏幕墙设计与施工 / 梁方岭，赵永红编著. — 北京：中国建筑工业出版社，2022.5（2023.8重印）
（城市能源碳中和丛书）
ISBN 978-7-112-27271-6

Ⅰ. ①光… Ⅱ. ①梁… ②赵… Ⅲ. ①光电池－幕墙－建筑设计②光电池－幕墙－建筑施工 Ⅳ. ①TU227

中国版本图书馆 CIP 数据核字（2022）第 056646 号

责任编辑：张文胜
责任校对：刘梦然

城市能源碳中和丛书
光伏幕墙设计与施工
梁方岭　赵永红　编著

*

中国建筑工业出版社出版、发行(北京海淀三里河路 9 号)

各地新华书店、建筑书店经销

北京红光制版公司制版

北京中科印刷有限公司印刷

*

开本：787 毫米×1092 毫米　1/16　印张：13½　字数：310 千字
2022 年 5 月第一版　　2023 年 8 月第三次印刷
定价：68.00 元
ISBN 978-7-112-27271-6
（38948）

编 委 会

编　著：梁方岭　赵永红

编　委：郑　毅　梁书龙　刘志钱　蒋玲波　王志东

　　　　罗　俊　王　倩　俞　刚　魏丽丽　杨凤玲

　　　　章震平　袁万强　刘旭涛　敬　飞　姜　坤

　　　　柴　靖

序

在"双碳"背景下，从能源需求侧来看，建筑领域是重要的耗能与排碳场景，如果加上建材生产的考量，建筑碳排放占比就会更高。根据政府间气候变化专门委员会（IPCC）数据，我国建筑运行碳排放量占到全国总碳排放量近20%，随着城镇化率不断提升和人民生活水平的提高，建筑产生温室气体排放量将进一步攀升。建筑领域的节能减碳将成为实现我国碳达峰、碳中和目标的关键一环。

对此，如期达成国家"双碳"目标，在既有建筑巨大的体量和相应的碳达峰碳中和任务之下，新建建筑迫切需要基于零碳建筑等方式实现建筑本体碳中和，甚至实现能源对外输出，为城乡发展能源保障做出贡献，建筑行业当前的任务是相当艰巨的。如此看来，仅仅依靠建筑屋面利用光伏发电远远不能满足需求，光伏技术应用势必以刚性需求的方式溢出至建筑外立面，从而为减碳目标的实现提供更为广泛的载体与空间，因此，建筑行业必须高度重视、积极推进光伏幕墙的应用。

光伏幕墙作为光电建筑最为典型的表现形式，也是重要的方法与途径，伴随着光电建筑的蓬勃发展，相信会很快走进大家的视野，特别是出现在更多的城市之中。发展这项创新产业有相当的重要性和复杂性，其集政策性、跨行业知识性、产业文化性于一体，当前我国全面掌握这门技术的人才还是匮乏的，许多从业人员的理论水平、实践能力亟待提高。

因此《光伏幕墙设计与施工》的出版，意义尤为重大。这本书从项目的前期策划、方案构思阶段就全面思考建筑光电化系统性解决方案，是光伏幕墙设计的重要基础，这是我作为一个建筑节能从业者的角度来看，觉得最难能可贵的地方。该书对光伏幕墙设计、施工方法的研究、实践与探讨，对于建筑设计院的设计师与高校师生学习了解光伏建材的应用大有裨益，大大有助于光电建筑事业的发展。

"双碳"目标之宏大、任务之艰巨，我希望包括建筑幕墙设计师在内的建筑全行业群体采取积极行动，科学、有效地将光伏技术及产品应用于建筑幕墙之上。"求真务实绘蓝图，狠抓落实谋新篇"，在新形势下，愿我们共同积极更新自我知识结构，并将这些知识与工作实践及经验得失紧密结合，全身心地投入到建筑"双碳"目标的实现这一历史机遇中去，共建绿色低碳生活，共创美好未来!

全国工程勘察设计大师
中国建筑科学研究院有限公司首席科学家、专业总工程师
国家建筑节能质量监督检验中心主任
中国光伏行业协会光电建筑专业委员会主任

前　言

（一）这本书写给谁

这是一本写给建筑设计师们的书，如果他们希望了解光伏幕墙应用的现状如何，有哪些应用场景，如何确定应用部位，怎样估算设计面积；

这也是一本写给幕墙设计师们的书，如果他们希望了解光伏幕墙应用，并在自己的项目实战中得到切实有用的帮助和指导。

同时，这本书也写给建筑投资开发与业主单位，如果他们对光伏幕墙应用有兴趣，想多加了解；

同样，这本书也写给建筑光伏、绿色建筑、建筑节能、建筑幕墙等相关专业的师生和从业者，愿他们通过本书，可以获得最贴近当下时代需求和产业科技水平的理念、知识，以及最贴近当下项目实践的参考资料。

（二）为什么要写这本书

毕竟，我们站在这样一个新时代的面前，

一个关注建筑能源与环境对于地球环保之影响的时代❶，

一个社会各界关注建筑光伏应用的时代。

我们正处在国家碳中和愿景、碳达峰行动的大背景之下，无论是建筑碳中和、

---

❶ 2021 年 4 月 9 日，国家标准《零碳建筑技术标准》启动会在中国建筑科学研究院召开，该标准将对确定建筑领域碳达峰的路线图和时间表起到重要支撑作用。美国建筑师协会将 2021 年度金奖授予 Edward Mazria，《大都会》杂志曾发表其封面故事《建筑师造成污染》，并提出建筑业可以改变全球气候变化的预测路径。2020 年，世界绿色建筑理事会（WorldGBC）发布了报告《亚太地区隐含碳入门》，概述了亚太地区建筑环境进行碳减排的机遇。该报告揭示了什么是隐含碳，在建筑和基础设施的整个生命周期中是怎么产生的，以及如何减少隐含碳。

建筑电气化、零碳建筑，还是绿色建筑、绿色建材、建筑光储直柔发展❶，大力发展建筑光伏应用都成为行业必须关注的热点。

特别需要提请关注的是，2021 年 9 月，住房和城乡建设部正式发布了国家强制性标准《建筑节能与可再生能源利用通用规范》GB 55015－2021，自 2022 年 4 月 1 日起实施。这是建筑节能与可再生能源利用领域唯一一本全文强制性国家标准，其中明确要求"新建建筑应安装太阳能系统"。这意味着"双碳"目标下，我国建筑领域必将掀起太阳能利用的新高潮。

而其中，光伏幕墙成为城市建筑绿色低碳发展中最典型、最为重要的应用场景。

目前市面上已有了一些和光伏与建筑有关的标准和书籍，但由于当时的产业技术发展水平和市场发展所处阶段所限，这些标准和书籍更多地偏向于理念和基础知识，尚不能满足呼应新时代行业方向引领和服务广阔市场指导实践的双重要求。

本书的编写组成员，都具有丰富的光伏建筑应用经验，多年来，成员们共同交流、共同创新，共同推进光伏幕墙的项目实践。在此，我们约定一起来完成这本响应时代需求的工具书。

（三）本 书 组 成

本书主要包括 5 部分：

---

❶ 中国工程院院士、清华大学建筑学院教授江亿指出，推动零碳能源发展，我国城乡基础设施建设将发挥重要作用，成为实现碳中和目标的重要技术载体，而城市建筑"光储直柔"配电的建设和改造，将有较大的建设潜力。

第 1 章，光伏幕墙基本知识，目的是帮助大家先了解光伏幕墙的现状和应用要点。

首先，作者将陪同您来认识新时代的光伏幕墙，也许您的印象里，光伏还是一个如同建筑补丁的形象，还是一个高能耗并有污染问题的行业，而本书将以科学数据和真实项目产品图片的方式，让您了解到多年发展后的中国光伏幕墙产品和项目。

随后，作者将回答您应用光伏幕墙的理由。市场上光伏幕墙应用项目的产生通常都和这几个关键词有关：绿色建筑星级认证、近零能耗建筑、LEED 认证，而自 2020 年开始，又增加了两个新的关键词：碳排放权、绿色建材。本书将详细为您说明光伏幕墙应用与这些关键词是如何关联的，以帮助项目更好地响应时代关于建筑碳中和使命的呼唤。

接着，作者将向您介绍光伏幕墙应用中大家常常所关心甚至质疑的一些问题，以及常常会产生的一些误区，了解到这些，会有助于您更明确是否会采用光伏幕墙。

第 2 章，光伏幕墙设计。光伏幕墙设计中的关键角色是建筑设计师、建筑电气设计师和建筑幕墙设计师，本章为不同类型的设计师介绍他们所涉及的光伏幕墙应用项目中的设计要点。

诚然，针对不同的建筑项目，实际设计方案各有特色，选用的光伏幕墙产品也各不相同，也会有专业的光伏幕墙设计机构协助建筑设计师们做好深化设计，在这里，作者重点介绍设计要点，提供实际案例和图纸，以方便设计师们在项目操作中能够快速获得切实有用的参考资料。

第 3 章，光伏幕墙施工，目的是帮助设计师们了解光伏幕墙安装、检测、验收和运维中的要点。

首先，作者将在这里介绍光伏幕墙的施工以及验收要点，特别是光伏幕墙的电气接线部分相关的安全施工和安全性验收环节；

随后，光伏幕墙的检测涉及进场检测、验收检测、运维检测等多项内容，作者将检测内容单独成一节，便于项目监理依据执行；

然后，光伏幕墙的运维是整个项目运行期的重要保障，作者将在这里介绍其运维要点。

第 4 章，实际案例全过程。目的是通过分享一个实际项目案例的全过程资料，帮助设计师们了解到项目实操要点。

附录，帮助读者了解光伏幕墙的政策法规、相关标准和一些真实的应用场景。其中，附录 E 中尽可能多地搜集了一些真实的应用场景和相关参数。

（四）本书如何来读

建筑设计师读者，
如果您对光伏幕墙有兴趣但同时存在很多疑虑，或者缺乏了解同时又充满好奇，建议您先从第 1 章开始，先读第 1.1 节，了解现在的光伏幕墙建筑有怎样的形态呈现，当前幕墙用光伏技术和产品，这一部分有很多图片，也将为您带来一段愉悦的阅读体验。

接下来，如果您明白光伏幕墙对于建筑碳中和的重要性，有意愿在自己的一些项目中应用，对当前社会背景下的相关政策规定和建筑认证有兴趣，您可以根据您有兴趣的项目目标，比如，有意愿申请绿色建筑三星，还是做一个超低能耗建筑？到第1.2节选择相应的内容，将帮助您迅速了解相关的评定条文和相关政策。

第1.3节，介绍光伏幕墙建筑设计的要素和要点，这里帮助您把握建筑设计相关核心要素。

随后，进入本书第2章，将帮助您了解光伏幕墙建筑设计的设计方法。

最后，建议您翻阅第4章，一个真实的项目案例全过程，有助于您了解您将要和幕墙设计师所沟通和协作的部分。

建筑幕墙设计师读者，
如果您对光伏幕墙还不太熟悉，但有兴趣加深了解，并希望未来在工作中可以和建筑设计师或者甲方谈论这类项目应用，第1章将对您有帮助。

如果您手上有项目急于通过本书的帮助来尽快完成设计，那么直接进入第2章，并深入对照阅读第4章，将非常适合您。同时，对第3章的了解，将有助于您把握项目安全质量要点，避免项目风险。

建筑投资开发商或者业主读者，
建议您从第1章的项目和产品彩色图片开始，翻阅该章全部内容，建立感性认识，然后阅读第3章，了解项目施工、验收以及后续运维所需要关注的要点，最后，快速翻阅第 4 章，对一个项目的全过程设计大概有所了解。

相关专业的师生，或者幕墙领域的专业学习者，
建议您通读全书，并欢迎与作者们保持联系。

光伏幕墙的应用尚处于起步阶段，应用场景也在不断完善，同时编委大部分为设计、生产一线人员，编写时间和理论水平有限，本书的部分内容难免不够准确、严谨，谨以此书抛砖引玉，期望能有更多的人参与学习，盼望更多的年轻力量能够满怀着对于光伏幕墙的热情和切实的实践能力，创造和拥抱美好的低碳生活。

中国光伏行业协会光电建筑专委会常务副秘书长
杭州市太阳能光伏产业协会秘书长　赵永红
浙江省建筑设计研究院建筑幕墙设计分院院长　梁方岭
2022 年 3 月 10 日

目 录

第 1 章

光伏幕墙基本知识

1.1

重新认识光伏幕墙

【光伏幕墙的定义】

光伏幕墙是具有光伏发电功能的建筑幕墙。

建筑幕墙是由面板与支承结构体系组成，具有规定的承载能力、变形能力和适应主体结构位移能力，不分担主体结构所受作用的建筑外围护墙体结构或装饰性结构。

光伏幕墙是把建筑幕墙面板替换为具有发电功能的光伏幕墙构件的一种幕墙形式。

在建筑接入公共电网的情况下一般设计成小型光伏并网发电系统，由光伏阵列、汇流箱、并网逆变器、交流并网配电柜、监控系统等组成。这也是应用最为广泛的形式。

在一些特殊情况，当建筑没有接入公共电网的情况下，则设计成独立光伏离网发电系统，由光伏阵列、充放电控制器、储能设备、直流/交流逆变器、交流用电负载、监控系统或光伏阵列、充放电控制器、储能设备、直流用电负载、监控系统组成。

本节根据光伏幕墙在建筑物中屋顶、屋身的不同位置应用，光伏组件在纹理、色彩等的不同形态应用，幕墙特征的维护等不同功能应用，光伏组件的安装方式等不同形式应用，以及不同技术路线的产品应用，进行介绍并对光伏幕墙进行概括分类。

1.1.1 不同部位应用

建筑在造型上通常可用三段式划分，由屋基、屋身、屋顶三部分组成。由于光伏幕墙对于光照的需求和建筑造型需要，重点在屋顶与屋身部分，下面将介绍光伏幕墙在这两部分的应用。

1. 建筑屋顶的应用形态

屋顶是建筑物的重要组成部分，对建筑形象的美观起着重要的作用。中国古代的匠师很早就发现了利用屋顶以取得艺术效果的可能性。《诗经》里就有"作庙翼翼"之句。因而屋顶常被建筑师称作建筑的第五立面。

图 1-1～图 1-3 所示三个项目是较早屋顶的应用形态，设计师重点考虑了怎么摆放光伏阵列接收到的太阳光最多、发电量更好、更经济，把建筑协调与美观放在了次要位置，受到了观者和用者的诟病，那我们看看后来的建筑是怎么应用的，先看看晶硅产品的应用，如图 1-4～图 1-7 所示。

图 1-1　早期民居瓦屋顶
光伏项目

图 1-2　部分工商业平屋顶
光伏项目

图 1-3　部分工商业金属
屋面电站

图 1-4　遂昌服务区屋顶光伏项目

图 1-5　宁波金田铜业 BIPV 分布式
光伏发电项目

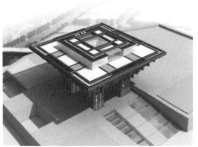

图 1-6　上海世博会项目平屋

　　上述项目的设计师既考虑怎样摆放光伏阵列发电量更大，又兼顾了经济性和建筑的体形，整体效果有了很大的提升，但是建筑师、投资者、使用者其实要求更高，并不满足于这些，他们提出了更高的要求，于是与接近镀膜玻璃的薄膜产品的应用多了起来，如图 1-8～图 1-11所示。

图 1-7   斜面采光顶项目

图 1-8   世园会中国馆龙焱彩色　　　　　图 1-9   龙焱嘉兴光伏科技
碲化镉薄膜光伏顶　　　　　　　　　　　展示馆采光顶

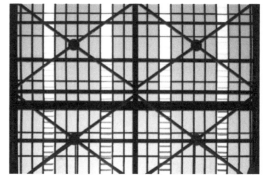

图 1-10   三堡船闸上部建筑平屋顶　　　　图 1-11   三堡项目内视图

屋顶除了以上布置方式，对于瓦屋面同样有较多的产品和应用形式，如图 1-12 所示。

2. 建筑立面的应用形态

立面是近人尺度的地方，也是建筑应用最动人的地方。如果日照分析遮挡少的话，是建筑上可应用光伏面积最大的位置。然而受到最佳倾角、室内采光、美观安全等影响，一直是光伏应用最难的位置。所以前期的应用有较多不尽人意的地方，特别是上图一些晶硅产品的应用（见图1-13），而一些特殊建筑可以很好地结合，找到了晶硅产品的一些理想应用方式。

图1-12　龙焱民居屋面瓦系统项目　　　　　图1-13　早期项目多晶硅立面

晶硅类光伏幕墙在立面的应用形式很多，奥地利能源大厦和松下太阳能电池博物馆就充分利用的晶硅的颜色和质感，对建筑效果有较大提升（见图1-14、图1-15），而且现在还有较多不同色系的晶硅组件，更加丰富了立面的应用。

图1-14　奥地利能源大厦　　　　　　图1-15　松下太阳能电池博物馆

立面的应用缺不了薄膜军团的贡献，相比晶硅类产品在立面上效率降低，薄膜的弱光性能和丰富的色彩以及组件形式更能在立面幕墙上大显身手（见图1-16～图1-19）。

图1-16　嘉兴秀洲科技馆光伏幕墙　　　图1-17　嘉兴秀洲科技馆室内侧效果

图 1-18 正泰薄膜产品项目应用　　　　　　图 1-19 中南薄膜组件

非透明立面幕墙也是应用的重要形式，它对组件的规格要求稍低，结构简单，性价比较高，北半球大部分地区东西南三面都是较好的应用位置。

3. 遮阳设施的应用形态

遮阳对于建筑节能是必不可少的。近年来，建筑遮阳的形式越来越多，色彩各异。建筑外遮阳中，利用建筑构建自遮阳和附加遮阳产品是应用较多的两种类型。光伏遮阳的应用部位及功能角度其实是光照条件较好的位置，包括固定式垂直遮阳、固定式水平遮阳、可调节遮阳等，如图1-20～图1-22所示。

以上项目用光伏构件替代了普通建材，建筑师提前将光伏技术考虑进遮阳系统，投资者、使用者也更能接受，但是从业者还需要考虑的是构件的多样化、定制化。

图 1-20 固定式垂直遮阳

图 1-21 固定式水平式遮阳　　　　　　图 1-22 可调节遮阳

其实拓展应用还很多，比如建筑的雨篷、格栅、栏杆等位置都有光伏的身影，一些配套设施、建筑小品和雕塑也是可以与光伏技术相结合。

1.1.2 不同形态应用

光伏幕墙历经多年发展，其产品和技术已在纹理、色彩、形状、尺寸方面有多种选择。下面将从这几方面逐一介绍。

　　从纹理上讲，光伏组件（构件）层出不穷，其中最常见的是中空透明光伏组件，它有薄膜和晶硅产品的不同表现形式，如图 1-23 和图 1-24 所示。

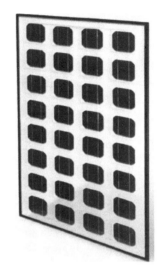

图 1-23　透明碲化镉薄膜产品　　　　图 1-24　透明单晶硅产品

　　立面上应用的透明薄膜电池还有不同透明率的要求，其实后期还有不同颜色膜系的产品，进一步丰富了建筑师对光伏组件的纹理需求。另外，在非透明位置常用的有仿石材产品和仿金属板产品，甚至还有仿瓷砖的产品（见图 1-25～图 1-29）。

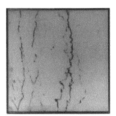

磨砂面　　　　　　仿铝板金属面　　　　　仿涂料毛面　　　　　仿石材光面

图 1-25　不同纹理的光伏组件

图 1-26　丹麦哥本哈根国际学校新校舍　　　　图 1-27　上海漕河泾大同国际创新创业园

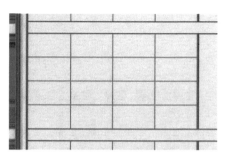

图 1-28　仿石材项目　　　　　　　　图 1-29　仿金属板项目

　　组件色彩也是丰富的，而且还在进一步演化。形状和尺寸的丰富也让建筑师有更多的选择，现在有中空光伏组件、夹胶光伏组件，还有异形光伏组件（见图 1-30、图 1-31）。

图 1-30　龙焱碲化镉彩色光伏幕墙

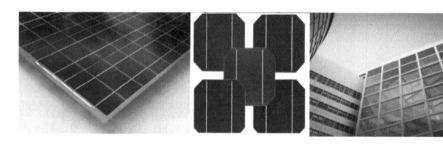

图 1-31　彩色晶硅电池及组件

1.1.3　不同功能应用

1. 传承传统围护功能

　　总体来讲，建筑幕墙具有的围护功能就是光伏幕墙所应具备的，它集光伏发电技术和幕墙技术于一身，是一种高科技产品，是集发电、隔声、隔热、安全、装饰功能于一身的新型建筑外围护结构。同时，太阳能电池发电不会排放二氧化碳或产生对温室效应有害的气体，也无噪声，是一种清洁能源，光伏幕墙可以有多种形式，这个在下文中介绍。

　　在幕墙上，宜采用建材型光伏组件，其尺寸应符合幕墙设计模数，表面颜色、质感应与

幕墙协调统一；光伏幕墙的性能应满足所
安装幕墙整体物理性能以及建筑节能的要
求；对有采光和安全双重性能要求的部位，
应使用双玻光伏幕墙，需满足建筑室内对
视线和透光性能的要求；由玻璃光伏幕墙
构成的雨篷、檐口和采光顶，应满足建筑
相应部位的刚度、强度、排水功能及防止
空中坠物的安全性能要求（见图1-32）。

图 1-32　深能南京 6000m² 光伏农业大棚

2. 兼顾采光功能的光电建筑立面和光
电采光顶

随着光伏玻璃技术的不断发展，光伏
采光顶应运而生，由于采光顶置于建筑屋顶的独特接受阳光照射方式，可以为光伏发电玻
璃提供良好的阳光入射角，因此，光伏采光顶能很好地利用光伏玻璃的发电功能。采光顶
最开始是以房屋采光为目的，主要满足室内采光的需要，后来，随着社会进步和建筑设计
形式的不断发展，现在的玻璃采光顶不但为了采光的需要，越来越多地体现了建筑的装饰
风格。随着建筑材料的革新，不同形式的采光顶应运而生，建筑的表现手法也越来越多，
玻璃采光顶的应用也越来越广泛。

3. 具有遮阳功能的光电建筑遮阳构件

遮阳系统可以最大限度减少阳光的直接照射，从而避免室内过热，是夏热冬冷地区的
建筑夏季隔热的主要措施。遮阳是以技术手段解决人类对建筑节能和享受自然需求而产生
的一种新的现代建筑形态。建筑遮阳系统可以起到阻隔热量的作用。同时，遮阳系统隔断
了紫外线，能有效保护人类免受伤害，还可以调节可见光，防止眩光，这对于现代办公
建筑是非常必要的。此外，遮阳系统还能调节自然气流并达到改善环境的作用。而最为
重要的是，由于遮阳系统的阻隔，减少了空调的功耗，从而达到节能的目的。对于光伏
遮阳系统，它不但具有上述功能，还能产生电能，一种产品既节能又能产生电能，则有
广阔的发展空间。光伏遮阳系统可分为采光顶遮阳和外立面遮阳两种方式，可以是固定
角度式也可以是可调角度式，可调角度式遮阳可设置为手动控制、电动控制、阳光跟踪
控制等方式。

4. 能够防水隔热的光伏瓦

光伏瓦是把光伏组件嵌入支撑结构，使太阳能板和建筑材料结为一体，直接应用于屋
顶，代替普通屋面瓦安装在屋面结构上，将高效发电性能与建筑屋顶、美学设计融于一体
（见图1-33）。和传统瓦片相比，光伏瓦具有更优异的隔热、保温、防火、防渗水、抗冰雹
等特性。

传统瓦片耐受性弱，易出现被破坏、发生漏水等问题，每隔几年就需更换一次，人工
成本和瓦片成本周期性产生。光伏瓦使用寿命达25年以上，不仅能省钱还能赚钱，而且
绿色节能环保。

在坡屋面上，宜按光伏组件全年获得电能最多的倾角设计；光伏组件宜采用顺坡镶嵌或顺坡架空安装方式；建材型光伏构件与周围屋面材料连接部位应做好建筑构造处理，并应满足屋面整体的保温、防水等功能要求；顺坡支架安装光伏组件与屋面之间的垂直距离应满足安装和通风散热间隙的要求。

图 1-33   深圳国际园林花卉博览园 1MWp 并网光伏电站

1.1.4   不同形式应用

从传统建筑幕墙分类看，目前的光伏幕墙还停留在替代概念阶段，所以可以参照传统幕墙分类，把光伏幕墙分为单元式光伏幕墙、构件式光伏幕墙、点支式光伏幕墙等。

光伏建筑幕墙结构与传统幕墙结构设计相似，主要有明框式、隐框式、半隐框式、点支式等，如图 1-34～图 1-36 所示。明框式幕墙光伏一体化组件可设计成藏式接线盒和背

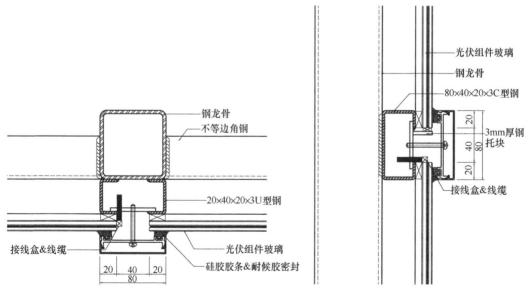

图 1-34   明框式光伏幕墙标准系统示例

面接线盒两种方式,藏式接线盒外观简洁,没有外围的电缆线,如图 1-34 所示。隐框式、点支式大多设计为背面接线盒,如图 1-35、图 1-36 所示。光伏一体化建筑的采光顶或倾斜屋面由于容易沉积灰尘和鸟粪等杂物,影响外观和建筑的采光及发电性能,因此需要频繁地进行清洗,但由于人工清洗操作困难,可以考虑在光伏一体化建筑结构中设计专用的太阳能自行清洗装置,这种类型的清洗装置则要求能通过装置自身的太阳能发电储存在蓄电池里,控制动作和反馈信息。

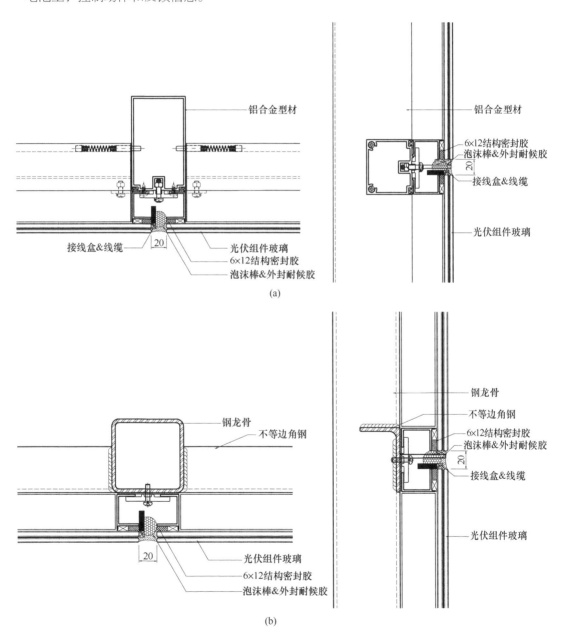

图 1-35　隐框式光伏幕墙标准系统示例

(a) 铝合金龙骨系统;(b) 钢龙骨系统

从用能形式上还可以分为：并网光电建筑、离网光电建筑（双电路）、全直流微网光电建筑等。

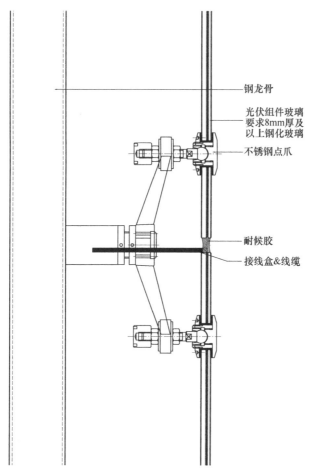

钢龙骨

光伏组件玻璃
要求8mm厚及
以上钢化玻璃

不锈钢点爪

耐候胶

接线盒&线缆

图 1-36   点支式光伏幕墙标准系统示例

1.1.5   不同产品应用

光伏电池和光伏组件（构件）产品多样，如图 1-37～图 1-40 所示。配套电气部分的接线盒需要小型化和多样化，如图 1-41、图 1-42 所示。

图 1-37   薄膜电池

图 1-38   多晶硅电池和单晶硅电池

图 1-39   光伏瓦

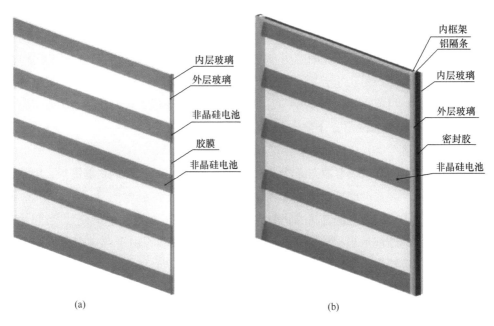

图 1-40　百叶式非晶硅太阳能光伏玻璃

（a）夹层玻璃；（b）中空玻璃

图 1-41　传统接线盒

图 1-42　幕墙用小型接线盒

1.1.6　光伏幕墙的分类

目前，光伏幕墙行业处于快速发展的阶段，相关材料、技术不断创新发展，相应的构造技术、施工工法等不断进步完善，行业内还没有建立明确的分类规则，本节应是行业内的首次分析探讨。在此，仅根据现有的应用形式、材料、技术等进行大致的分类，以便于为读者呈现较为简单、清晰的认知体系。

1. 从幕墙面板发电材料角度分类

从幕墙面板发电材料角度分类，有晶硅类、薄膜类等。

晶硅类光伏幕墙存在单晶硅与多晶硅之分，以双层玻璃夹层方式为主要表现方式。鉴于发电效率以及行业发展现状与趋势，早期的晶硅类光伏幕墙的应用以多晶硅为主，目前晶硅类光伏幕墙主流方式为单晶硅。

薄膜类光伏幕墙是最为主流的应用方式，从发电材料角度进一步细分，还有碲化镉、铜铟镓硒、钙钛矿等细分类别，鉴于色彩、透光透视、纹理、弱光性、可定制化等灵活性、综合性因素，目前实际应用最为广泛、适应场景最为丰富的是碲化镉薄膜光伏幕墙。

2. 从幕墙面板透光性角度分类

从透光性角度分类，有透光型、半透光型、非透光型等。

晶硅类光伏幕墙在玻璃幕墙方面的应用，由于有透光甚至透视的功能需求，因此，通常以双玻夹层组件替代玻璃幕墙外层玻璃的方式呈现，由于晶硅电池不具备透光性，双玻夹层组件透光性源于晶硅电池之间的间隙（间隙的大小可相对灵活地调整），当间隙较大时，将呈现一定的透视效果。从透光、透视的整体效果来看，由于存在明显的透光率不高、均匀性不佳等特征，将此类产品及应用归类为半透光型光伏幕墙是较为适宜的。

晶硅类光伏幕墙在建筑外墙实墙体方面的应用，由于没有透光功能需求，因此，通常厂商会在双玻夹层组件的夹层内进行色彩及纹理、图案的艺术化处理，此类应用基本不具备透光性，属于非透光型光伏幕墙。

薄膜类光伏幕墙在透光性方面呈现多元化特征，以碲化镉薄膜类为例，其透光性能来源于对发电薄膜的刻蚀形成电池组串时的间隙空间，这对透光性、透视性、透光率等性能起到了重要作用。由于能够根据设计要求对色彩、纹理、图案等艺术化处理和个性化定制，使其产生了透光、半透光（或局部透光）、非透光等多种表现形式，也因此使得薄膜类光伏幕墙应用更为广泛、适应性更佳。

薄膜发电材料也有以金属板材为基底的技术路线及产品，金属板材的不透光性能决定了此类光伏幕墙具有非透光特征，仅适用于替代建筑外墙的实墙体外表皮的应用场景。

综上，从透光性角度进行分类，晶硅类光伏幕墙存在半透光型、非透光型两种类型；薄膜类光伏幕墙存在透光型、半透光型、非透光型三种类型。

3. 从光伏面板形状角度分类，有平面型、U 形等

通常情况下，绝大多数光伏组件采用平面玻璃作为封装材料，基本外形呈现平面板状特征。由于与传统幕墙的安装、构造方式适应性好，光伏幕墙主要采用的是此类光伏组件。

伴随光伏行业与建筑行业的深度融合，出现了多元化组合应用的差异化产品，其中，外形的变化是特征之一。以 U 形玻璃光伏组件为例，其本质上是将定制尺寸的平面型光伏组件与建筑行业常用的 U 形玻璃进行二次复合加工而形成的外观差异化的光伏组件，从而为建筑师的建筑艺术创作提供了具有显著外观差异的多元化选择，进一步丰富了建筑材料语言体系。此外，U 形玻璃光伏组件与各类技术路线的光伏组件均能实现较好的二次复合加工与应用，具有较好的灵活性及应用场景适应能力。

光伏组件与传统建筑材料、技术的不断融合与创新是大势所趋，因此，建筑师应对此类二次复合加工的光伏产品的发展与应用予以重视。

4. 从能源角度分类

从能源角度分类，有产能型、产能节能综合型等。

这种分类方式主要是与构造技术有关，目前，绝大多数的应用形式是产能型的，对节能没有明显贡献，甚至由于没有有效解决光伏组件发电时的散热问题，而致使部分热辐射朝室内空间散发，一定程度上增加了夏季空调能耗。

业内已经出现了产能节能综合型的产品与技术，主要有两类：一类是双层幕墙方式，主要应用于有采光、透视需求的场景，光伏发电材料置于外层幕墙，两层幕墙之间的空气间层及相关构造措施能够有效地解决通风散热、遮阳等问题，对建筑节能有较大贡献，但成本也明显增加；另一类是替代建筑实墙体表皮装饰层的非透光装配式光电墙体系统，其内部构造具有通风散热系统，其不透光性能对建筑外墙构建了全面、完整的外遮阳系统，很好地将发电产能与建筑节能的功能需求与跨学科技术进行了融合与创新，相较于双层幕墙方式，节能效果更为显著、经济性更为突出，尤其适用于空调能耗较大的地区和建筑。

相较于被动式建筑，产能是主动供能行为，可称为主动式技术。基于碳达峰、碳中和目标，从能源的角度来看，无论是单纯的被动式技术还是主动式技术，都并非最佳路径；在节能的基础上产能（根据应用场景需求，在被动式技术的基础上灵活应用主动式技术），主动与被动结合的技术路线才是未来的、可持续的主流技术路线。

当然，还有从其他角度进行分类的方式，例如：从面板材料、构造技术、边框材料、龙骨材料、智能控制系统等角度形成不同的分类方式，相信伴随应用场景的丰富、材料科学与应用技术的进步与发展，分类方式会更加丰富和完善。

相信伴随行业技术进步、社会经济发展，在碳达峰、碳中和目标的驱动下，产能节能综合型的光伏幕墙将逐渐成为主流应用形式，这也是对"双碳"目标贡献最大的应用形式。

1.2

光伏幕墙助力建筑碳中和

光伏幕墙对于建筑的贡献在哪些方面？图 1-43 介绍了主要的四个方面：

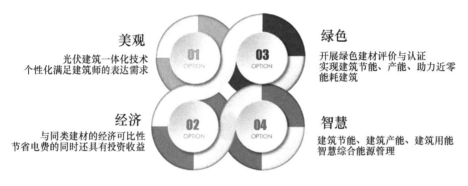

美观
光伏建筑一体化技术
个性化满足建筑师的表达需求

绿色
开展绿色建材评价与认证
实现建筑节能、产能、助力近零
能耗建筑

经济
与同类建材的经济可比性
节省电费的同时还具有投资收益

智慧
建筑节能、建筑产能、建筑用能
智慧综合能源管理

图 1-43   光伏幕墙对建筑的贡献

首先，如今的光伏技术可以实现不同的色彩、纹理、透光率、尺寸，个性化地满足建筑师的表达需求，通过建筑立面来实现美观度；其次，光伏组件、光伏系统已经被列入国家绿色建材标准体系，同时，良好的光伏幕墙构件和系统可以本身具有遮阳、通风散热等节能性能，同时又可以生产可再生能源电力，有助于实现近零能耗建筑，甚至是零碳建筑的目标；然后，光伏电力可以融入建筑节能、建筑产能和建筑用能一体化的建筑智慧综合能源管理系统之中，让建筑构件拥有即时生产电力的功能，从而提升智能化水平；最后，光伏建材与普通建材只能按年折旧不同，光伏建材本身产生收益，因此在全生命周期过程中，不仅可以为业主节省电费开支，在若干年产生收益与投入成本抵消以后，将成为产生净收益的建材，因此也是最具全生命周期经济性的建材。

1.2.1   绿色建筑

1. 绿色建筑的萌芽和发展

绿色建筑是中国城镇化进程中的一场革命，对人们理念、生活方式的转变及行业发展均产生了深远影响。20 世纪 60 年代，美籍意大利建筑师保罗·索勒瑞首次将生态与建筑合称为"生态建筑"，这是绿色建筑概念的萌芽。在 1992 年举行的联合国环境与发展大会上，与会者第一次比较明确地提出了"绿色建筑"的概念。经过 20 余年的发展，绿色建筑充分吸纳了节能、生态、低碳、可持续发展、以人为本等理念，内涵日趋丰富成熟。

1986 年，城乡建设环境保护部出台《民用建筑节能设计标准（采暖居住建筑部分）》，明确通过增加墙体保温性能达到节能 30% 标准的要求，被业内称为"一步节能"，实现了我国建筑节能标准"零"的突破。1996 年，该标准经过修订后将节能率提高到 50%。2001 年，《中国生态住宅技术评估手册》出版；2003 年，《绿色奥运建筑评估体系》发布；2004 年，中央经济工作会议提出要大力发展节能省地型住宅，全面推广和普及节能技术，制定并强制推行更严格的节能、节材、节水标准；2005 年，原建设部印发《关于发展节能省地型住宅和公共建筑的指导意见》，明确提出建筑节能、节地、节水、节材和环境友好等方面的目标和任务。这一时期，绿色建筑的发展以试点引导为主，绿色建筑的理念引起社会各界关注。

2005 年，在北京召开的绿色建筑大会与建筑节能正式提出我国开始发展绿色建筑，这是绿色建筑发展的一个"里程碑"。2006 年，《绿色建筑评价标准》颁布实施，明确了我国绿色建筑的定义、内涵及技术要求。这一年，中国绿色建筑与节能专业委员会成立，受到了全球同行的关注。2007 年，《绿色建筑评价标识管理办法》印发，参照国际通行做法，构建我国绿色建筑评价体系。2008 年，首批 6 个项目获得中国绿色建筑设计评价标识。如今，获得绿色建筑设计评价标识的项目已经在全国遍地开花❶。

2. 绿色建筑评价体系的优化

《绿色建筑评价标准》GB/T 50378—2006 是我国首部绿色建筑方面的国家标准，从 2006 年发布到 2014 年和 2019 年的两次修订至今，规范和引导我国绿色建筑实现从无到有、从少到多、从个别城市到全国范围，从单体到城区、到城市的规模化发展，发挥了重要的作用。

与 2006 年版标准相比，2014 年版将标准适用范围扩展至各类民用建筑，对原标准的控制项内容做了优化，评价体系更加结合实际，指标更加人性化，对含糊的技术指标和概念明确解析，并给予技术使用量的要求，扩大了绿色建筑设计的深度和宽度，此外，还增设了加分项，鼓励绿色建筑技术、管理的创新和提高。

2019 年版新标准，对绿色建筑有了全新的定义，更关注人和环境的关系，以建筑高质量发展为目标。评价指标总体上达到了国际领先水平。主要体现在以下几个方面的变化：

（1）评价技术指标体系重视"以人为本"。新标准的评价技术指标体系从"以人为本"的建筑性能出发，将开发者视角转变为使用者视角，从居民视角来设计，以增进建筑使用者对绿色建筑的体验感和获得感。

（2）拓展"绿色建材"的内涵。在新标准中，要求绿色建材选择在全寿命期内可减少对资源的消耗、减轻对生态环境的影响，具有节能、减排、安全、健康、便利和可循环特征的建材产品。材料生产者可以针对上述定义，发掘创新材料的价值，在项目应用中带来"加分"。

---

❶ 本节引用《中国建设报》文章《绿色建筑：添彩美丽中国》。

（3）增加了对不同星级的强制性技术要求。新标准对一星、二星、三星级项目，分别增加了强制性的技术要求：围护结构热工或空调负荷优化、严寒和寒冷地区住宅项目外窗传热系数、节水器具、住宅建筑隔声、室内空气污染物浓度、外窗气密性。

（4）评价方式和阶段的变化。此前，对绿色建筑的评价分为设计评价和运行评价，设计评价应在建筑工程施工图设计文件审查通过后进行，运行评价应在建筑通过竣工验收并投入使用一年后进行。而新标准则要求绿色建筑评价应在建筑工程竣工后进行，在建筑工程施工图设计完成后可进行预评价。

（5）新标准中关于室内空气品质和土建装修一体化、工业化内装品应用的评价分值均有提升。同时，新标准的实施，对于建筑绿色性能的要求更高，避免建筑成为技术的堆砌，而真正给使用者创造价值。

3. 绿色建筑评价之光伏

如前所述，绿色建筑集节地、节水、节能、节材和环境保护要求于一身，随着标准的逐渐提高，已从单纯节能属性发展到绿色环保属性。在这其中，建筑光伏利用因具有不占用城市土地、环境效益显著、经济性良好、主动产能的优势，成为绿色建筑评价的重要方面。本节重点基于《绿色建筑评价标准》GB/T 50378—2019 的评价体系，分析绿色建筑光伏利用的评价模型和分值占比。

如表 1-1 所示，绿色建筑主要包含"安全耐久、健康舒适、生活便利、资源节约、环境宜居"五大指标体系和"提高与创新"一大加分项。其中，资源节约、环境宜居、提高与创新三个指标体系中，建筑光伏利用均有涉及。

绿色建筑评价指标　　　　　　　　　　　　表 1-1

| | 控制项 | 评价指标评分项满分值 | | | | | 提高与创新 |
	基础分值	安全耐久	健康舒适	生活便利	资源节约	环境宜居	加分项满分值
预评价分值	400	100	100	70	200	100	100
评价分值	400	100	100	100	200	100	100

（1）资源节约。在"节能与能源利用"章节中，第 7.2.9 条提出：结合当地气候和自然资源条件合理利用可再生能源，评分总分值为 10 分（见表 1-2）。从可再生能源利用评分规则表可以看出，安装了光伏幕墙或屋顶光伏发电系统的建筑，最高可在绿色建筑评价体系中得 10 分。在资源节约体系中，最高占满分值的 10%。

可再生能源利用评分规则　　　　　　　　　　表 1-2

由可再生能源提供电量比例 R_e	得分
$0.5\% \leqslant R_e < 1.0\%$	2
$1.0\% \leqslant R_e < 2.0\%$	4
$2.0\% \leqslant R_e < 3.0\%$	6
$3.0\% \leqslant R_e < 4.0\%$	8
$R_e \geqslant 4.0\%$	10

　　在"节材与绿色建材"章节中，第7.2.18条提出：选用绿色建材，评价总分值为12分（见表1-3）。绿色建材应用比例不低于30%，得4分；不低于50%，得8分；不低于70%，得12分。2020年8月，市场监管总局办公厅、住房和城乡建设部办公厅、工业和信息化部联合开展加快推进绿色建材产品认证及生产应用工作，扩大了绿色建材产品认证实施范围，其中光伏组件和太阳能光伏发电系统均被纳入第一批绿色建材产品分级认证目录。在资源节约体系中，最高占满分值的12%。

<table>
<tr><td colspan="2">绿色建材评分规则</td><td>表 1-3</td></tr>
</table>

绿色建材应用比例	得分
≥30%	4
≥50%	8
≥70%	12

　　（2）环境宜居。在"室外物理环境"章节中，第8.2.9条提出：屋顶的绿化面积、太阳能板水平投影面积以及太阳辐射反射系数不小于0.4的屋面面积合计达到75%，得4分。在环境宜居体系中，最高占满分值的4%。

　　（3）提高与创新。在"加分项"章节中，第9.2.7条提出：进行建筑碳排放计算分析，采取措施降低单位建筑面积碳排放强度，评价分值为12分。在提高与创新指标体系中，占该项满分值的12%。关于建筑碳减排的测算，要根据建筑在使用过程中的能耗，区分不同能源种类（石油、煤、电、天然气及可再生能源等），计算其一次性能源消耗量，然后折算出相应的二氧化碳排放量。在这一生产过程中，需要重视对能源使用部分的追踪，强调节约使用过程中一次性使用能源的消耗，包括提高供暖和电源部分可再生能源的比例。根据国家发展改革委《节能低碳技术推广管理暂行办法》（发改环资〔2014〕19号文），表1-4列出不同能源种类的碳减排量估算方法。另外，表1-5分别以不同区域举例，将光伏发电的节能减排量进行测算对比。

建筑节能低碳技术的二氧化碳减排量估算方法及各能源品种排放系数表　　表 1-4

减排途径	碳减排量估算方法说明	各能源品种的排放系数
节能和提高能效及燃料替代	根据节能量乘以相应能源品种的排放系数估算。或根据替代前后不同能源品种相应的排放量之间的差额进行估算	煤炭：2.64t CO_2/tce 石油：2.08t CO_2/tce 天然气：1.63 t CO_2/tce 电：0.75kg CO_2/kWh

光伏发电节能减排计算表　　表 1-5

项目	年平均	25 年总量
年均发电量（kWh）	1	25
替代标准煤（g）	360	9000
华北区域 CO_2 减排量（kg）	0.9288	23.22

续表

项目	年平均	25年总量
华东区域 CO_2 减排量（kg）	0.7787	19.4675
东北区域 CO_2 减排量（kg）	0.9845	24.6125
华中区域 CO_2 减排量（kg）	0.8477	21.1925
西北区域 CO_2 减排量（kg）	0.8312	20.78
南方区域 CO_2 减排量（kg）	0.7979	19.9475

注：1. 根据电网的覆盖面，将全国分为六大区域。每个区域内，根据总排放量（煤、油、气）和总发电量（火电、水电及其他可再生能源）计算出一个减排因子。而且，这个减排因子随着每年的排放量和发电量的数据变动而变动。

2. 由于数据获得的滞后性，每年各区域电网的 CO_2 减排因子（单位：tCO_2/MWh）都是利用该年份前3～5年的数据计算而来的。本表参照不同区域电网2014年的减排因子，即利用2010～2012年的数据计算得出。

结合这三项指标体系的评价方法，如表1-6所示，安装了光伏的建筑，其绿色建筑评价分值最高可达30分。结合评分计算公式，在三星级绿色建筑的85分标准中，占3.5%。

光伏在绿色建筑评价中的分值与占比　　　　　　　　　　表1-6

指标体系	细则	最高分值	单项占比
资源节约	光伏提供电量占建筑实际用电的比例高于4.0%	10	10%
	若光伏组件达到绿色建材评价标准，在建筑中的建材应用比例高于30%	4	4%
环境宜居	光伏组件投影面积及太阳辐射反射系数不小于0.4的屋面面积合计达到75%	4	4%
提高与创新	采用光伏发电，且能证明实际可降低建筑面积碳排放强度	12	12%

综上所述，光伏对于绿色建筑评价有可能提供贡献的部分，共有四个方面，如图1-44所示。

图1-44　光伏对绿色建筑评价的贡献

1.2.2　近零能耗建筑

1. 近零能耗建筑的表现形式

2019 年，住房和城乡建设部发布了《近零能耗建筑技术标准》GB/T 51350—2019，并于 2019 年 9 月 1 日正式实施。这是我国首部引领性建筑节能国家标准，首次界定了我国超低能耗建筑、近零能耗建筑和零能耗建筑的概念，并明确了室内环境参数和建筑能耗指标的约束性控制指标。

在建筑迈向零能耗目标的过程中，根据其能耗目标实现的难易程度，表现为三种形式，即超低能耗建筑、近零能耗建筑以及零能耗建筑。因此，这三个名词实际上是属于同一技术体系，或者说是一栋建筑在节约能源这条道路上的三个阶段，三者之间在控制指标上相互关联。

近零能耗建筑，是指适应气候特征和场地条件，通过被动式建筑设计最大幅度降低建筑供暖、空调、照明需求，通过主动技术措施最大幅度提高能源设备与系统效率，充分利用可再生能源，以最少的能源消耗提供舒适室内环境，且其室内环境参数和能耗指标符合《近零能耗建筑技术标准》GB/T 51350—2019 规定的建筑，其供暖、空调与照明能耗应较 2016 年版建筑节能设计标准降低 60%～75% 以上。

超低能耗建筑是近零能耗建筑的初级表现形式，其室内环境参数与近零能耗建筑相同，能效指标略低于近零能耗建筑，其供暖、空调与照明能耗应较 2016 年版建筑节能设计标准降低 50% 以上。

零能耗建筑是近零能耗建筑的高级表现形式，其室内环境参数与近零能耗建筑相同，充分利用建筑本体和周边的可再生能源资源，使可再生能源年产能大于或等于建筑全年全部用能的建筑。

从超低能耗的降低 50%，到近零能耗的降低 75%，再到零能耗的可再生能源供能大于式等于建筑物用能，我们似乎看到了建筑的角色转换——从耗能到产能。以光伏为主的可再生能源是助力建筑实现产能的重要手段，实现对太阳能、风能、地热能等的高效利用，最大可能地利用可再生能源代替传统能源，这是低能耗建筑迈向超低能耗、零能耗的必然趋势。目前，结合国内实际情况和技术发展现状，近零能耗建筑将是我国现阶段绿色建筑发展最具备可实施性且值得广泛推广的建筑类型。

2. 近零能耗建筑的发展

随着社会经济的发展，建筑形式越来越多样化，人们对建筑舒适度要求不断提高，建筑能耗占社会总能耗的比重逐年增加。建筑物迈向"更舒适、更节能、更高质量、更好环境"是大势所趋。建筑节能工作经历了 30 年的发展，现阶段建筑节能 65% 的设计标准已经全面普及。随着城市建设的发展，建筑节能工作减缓了我国建筑能耗随城镇建设发展而持续高速增长的趋势，并提高了人们居住、工作和生活环境的质量。

为应对气候变化和极端天气、实现可持续发展战略，各国积极制定中长期（2020 年，

2030年，2050年）的近零能耗建筑实施路径和目标。建立适合本国特点的技术标准及技术体系，推动建筑物迈向更低能耗成为全球建筑节能的发展趋势。结合欧美国家已实施的近零能耗建筑示范项目，这些建筑使用的可再生能源类型和相关参数如表1-7所示。

欧美国家"近零能耗建筑"示范项目特征参数汇总　　　　　　　　　　表1-7

建筑类型	国家	建筑面积（m²）	外墙传热系数 [W/(K·m²)]	窗户传热系数 [W/(K·m²)]	能源类型
低层居住建筑	英国	150	0.1	1.36	光伏＋风电＋太阳能热水
	丹麦	145	0.11	1.5	区域供热＋热回收
	塞尔维亚	131	0.22	3.19	光伏＋地源热泵系统
	奥地利	90	0.13	0.8	区域供暖
多层居住建筑	丹麦	7000	0.1	0.9	光伏＋地源热泵系统
		2717	0.16	1.03	通风热回收
公共建筑	法国	681			光伏＋自然通风
	葡萄牙	1500	0.45	3.5	建筑光伏一体化
	美国	4800			光伏＋建筑光伏一体化＋地源热泵系统

从1986年至2016年，我国建筑节能经历了"三步走"，即建筑节能比例逐渐达到30％、50％、65％。目前，65％的节能目标已基本普及，部分省份已经全面实行建筑节能75％的标准。在建筑迈向更低能耗的方向上，基本技术路径是一致的，即通过建筑被动式设计、主动式高性能能源系统及可再生能源系统应用，最大幅度减少化石能源消耗。

我国对于"近零能耗建筑"相关技术引进较晚。2010年，上海世博会上的德国汉堡之家，是我国引进的第一座经过认证的"近零能耗建筑"（见图1-45）。

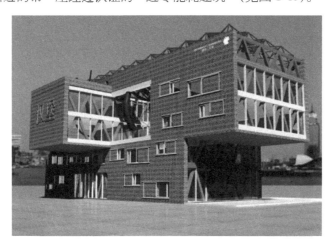

图1-45　上海世博会上的德国汉堡之家

德国汉堡之家单位面积每年供暖能耗仅为普通建筑的5％，外墙采用了高隔热隔声、密封性强的新型建材，屋顶安装有450m²的光伏发电设备，供暖和制冷所需的能量源自地源热泵，采用了具有热回收、制冷和除湿功能的通风装置。

2012年，住房和城乡建设部与德国能源署合作，引进德国建筑节能技术，并先后建设了河北秦皇岛在水一方、哈尔滨辰能溪树庭院等被动式低能耗建筑示范项目。自2013年以来，中美清洁能源联合研究中心建筑节能工作组开展了近零能耗建筑和零能耗建筑节能技术领域的研究与合作，中国建筑科学研究院建筑环境与能源研究院近零能耗建筑示范项目取得了良好的节能效果和广泛的社会影响。

2017年2月，住房和城乡建设部发布的《建筑节能与绿色建筑发展"十三五"规划》中提出：积极开展超低能耗建筑、近零能耗建筑建设示范，提炼规划、设计、施工、运行维护等环节共性关键技术，引领节能标准提升进程，在具备条件的园区、街区推动超低能耗建筑集中连片建设，鼓励开展零能耗建筑建设试点。到2020年，已建成超低能耗、近零能耗建筑示范项目1000万m²以上。

为进一步促进建筑节能工作的开展，2015年11月住房和城乡建设部发布了《被动式超低能耗建筑技术导则（试行）》（居住建筑），部分省份的被动式低能耗建筑节能设计标准相继编制发布（表1-8）。此后，国家标准《近零能耗建筑技术标准》GB/T 51350—2019于2019年9月发布实施。截至2019年12月，7个省份、13个城市共出台28项超低能耗建筑激励政策。

部分省份低能耗建筑节能设计标准与政策　　　　　　表1-8

省份	标准名称	文号
河北省	《被动式低能耗居住建筑节能设计标准》	DB13(J)/T 177—2015
	《被动式超低能耗公共建筑节能设计标准》	DB13(J)/T 263—2018
	《被动式超低能耗居住建筑节能设计标准》	DB13(J)/T 273—2018
山东省	《被动式超低能耗居住建筑节能设计标准》	DB37/T 5074—2016
	《被动式超低能耗绿色建筑示范工程专项验收技术要点》	鲁建节科字[2017]19号
	《超低能耗建筑施工技术导则》	JD 14—041—2018
北京市	《超低能耗示范项目技术导则》	/
青海省	《被动式超低能耗建筑技术导则》（居住建筑）	DB63/T 1682—2018
河南省	《超低能耗居住建筑节能设计标准》	DBJ41/T 205—2018
黑龙江省	《被动式低能耗居住建筑节能设计标准》	DB23/T 2277—2018
上海市	《上海市超低能耗建筑技术导则(试行)》	沪建建材[2019]157号
湖南省	《湖南省超低能耗居住建筑节能设计标准》	DBJ43/T 017—2021

近年来，随着我国政府及相关科研人对建筑节能工作的不断重视，近零能耗建筑的出现为我国建筑节能提供了一个良好的技术支撑。我国近零能耗建筑已从试点成功向示范过渡，参照国外指标及技术体系建造了一批近零能耗建筑示范工程，示范效果显著。同时，根据我国各个气候区气候特征、居民生活习惯、室内舒适度要求等方面进行了相关标准、体系、课题的研究。经过示范项目的实践经验，建筑配套的高性能部品部件、建筑设备、施工技术得到了迅速发展。当前国内已建成的近零能耗建筑主要集中在以供暖需求为主的

地区，分布范围在逐渐扩大。

2021年10月，中共中央办公厅、国务院办公厅印发了《关于推动城乡建设绿色发展的意见》，目标是到2025年，城乡建设绿色发展体制机制和政策体系基本建立，到2035年，城乡建设全面实现绿色发展，碳减排水平快速提升。这是目前我国城乡建设领域出台的国家级顶层碳达峰碳中和工作意见，是城乡绿色发展工作开展的思路纲领，是碳达峰中和"1+N"政策体系的一部分。该意见中明确要转变城乡建设发展方式，并提出开展多种手段来"建设高品质绿色建筑"。其中明确提出要"大力推广超低能耗、近零能耗建筑，发展零碳建筑；大力推动可再生能源应用，鼓励智能光伏与绿色建筑融合创新发展"。由此可以看出，过去大开大合的建筑业发展方式将一去发不复返，绿色低碳、环保节能、创新科技将成为建筑领域未来发展的主旋律。

3. 建筑近零能耗之光伏

《近零能耗建筑技术标准》GB/T 51350—2019中明确，近零能耗建筑的可再生能源利用率应不低于10%，可再生能源利用率是指供暖、通风、空调、照明、生活热水、电梯系统中可再生能源利用量占其能量需求量的比例。建筑设计应根据气候特征和场地条件，通过被动式设计降低建筑冷热需求和提升主动式能源系统的能效达到超低能耗，在此基础上，利用可再生能源对建筑能源消耗进行平衡和替代达到近零能耗。有条件时，宜实现零能耗。此外，该标准第7.1.42条还提出：当有多种能源供给时，应根据系统能效对比等因素进行优化控制。采用可再生能源系统时，应优先利用可再生能源。

由表1-9～表1-11可以看出，可再生能源对于近零能耗建筑的实现占据重要作用，相比低能耗建筑和超低能耗建筑，对可再生能源利用率提出了最低指标要求。而在建筑中，光伏幕墙是兼具经济性、美观性和节能产能为一体的最有效的可再生能源利用形式之一。

近零能耗居住建筑能效指标   表1-9

建筑能耗综合值		$\leqslant 55 kWh/(m^2 \cdot a)$ 或 $\leqslant 6.8 kgce/(m^2 \cdot a)$				
建筑本体性能指标	供暖年耗热量 $[kWh/(m^2 \cdot a)]$	严寒地区	寒冷地区	夏热冬冷地区	温和地区	夏热冬暖地区
		$\leqslant 18$	$\leqslant 15$	$\leqslant 8$		$\leqslant 5$
	供冷年耗冷量 $[kWh/(m^2 \cdot a)]$	$\leqslant 3 + 1.5 \times WDH_{20} + 2.0 \times DDH_{28}$				
	建筑气密性 （换气次数 N_{50}）	$\leqslant 0.6$		$\leqslant 1.0$		
	可再生能源利用率	$\geqslant 10\%$				

注：1. 建筑本体性能指标中的照明、生活热水、电梯系统能耗通过建筑能耗综合值进行约束，不作分项限值要求。

2. 本表适用于居住建筑中的住宅类建筑，面积的计算基准为套内使用面积。

3. WDH_{20}（Wet-bulb Degree Hours 20）为一年中室外湿球温度高于20℃时刻的湿球温度与20℃差值的逐时累计值（单位：千度小时）。

4. DDH_{20}（Dry-bulb Degree Hours 28）为一年中室外干球温度高于28℃时刻的干球温度与28℃差值的逐时累计值（单位：千度小时）。

近零能耗公共建筑能效指标   表 1-10

建筑综合节能率		≥60%				
建筑本体性能指标	建筑本体节能率	严寒地区	寒冷地区	夏热冬冷地区	夏热冬暖地区	温和地区
		≥30%		≥20%		
	建筑气密性（换气次数 N_{50}）	≤1.0		—		
可再生能源利用率		≥10%				

注：本表也适用于非住宅类居住建筑。

建筑能耗节能率关系对比   表 1-11

指标	低能耗建筑	超低能耗建筑	近零能耗建筑	零能耗建筑
可再生能源利用率	—	—	≥10	充分利用
节能率（2016 年标准）	20~30	≥50	≥70	100
节能率（1980 年标准）	75	≥82.5	≥90	100

1.2.3 LEED 认证

1. LEED 认证整体评分体系❶

LEED（Leadership in Energy and Environmental Design）中文名为"能源与环境设计先锋"，是目前全球较重要的绿色建筑评价标准之一。自 1998 年建立至今，美国绿色建筑认证委员会一直对其不断修订、完善，从 NC1.0 版本到 2009 年的 V3.0 版本，评价指标体系逐渐完善；2014 年针对建筑单体的 LEED BD+C 设计及施工评价标准做了较大调整，发布了 LEED V4.0 版；2016 年发布了 LEED 城市评价标准，建立了 ARC 认证平台，便于用户动态上传认证材料，并作出初步评估。2020 年来 LEED 一直随着建筑环境与市场发展做出针对性改变，由主要针对单体建筑的可持续评估发展到针对社区范围的评价，并逐步扩大到城市范围。

LEED V4.0 是世界范围内应用范围最为广泛、商业化程度最高的绿色建筑评价标准，与先前的认证过程相比，以绩效为基础的 LEED V4.0 更加灵活，要求建筑的整个生命周期均有计量结果，并且也更加注重人体健康和环境。

LEED V4.0 包括建筑设计及施工（BD+C）、室内设计及施工（ID+C）、既有建筑运营及维护（EB：0+M）、社区开发（ND）、住宅（Homes）五大类。建筑设计及施工（BD+C）适用范围最广，也是最早版本 LEED-NC1.0 的发展及延续至今的分类，包括新建建筑（NC）、核心与外壳、学校、零售、数据中心、仓储和配送中心、宾馆接待以及医疗保健八种类型的建筑标准。不同类型建筑评价指标包含的大项及分项内容基本相似，

❶ 张彧，唐献超，董佳欣. LEED 绿色建筑评价体系在美国的新发展及其实践案例 [J]. 中外建筑，2019，10：5.

但在不同类型建筑中某些项是作为"必须项"还是"评分项"有所区别，针对不同类型的建筑，每项分值大小（代表了权重）也有所不同，如表1-12所示。

本节将重点分析 LEED V4.0 的主要评分项和分值大小。

LEED 评价指标体系 V4.0 版本评分项（以新建建筑为例）　　　表 1-12

大类	小类	项目	分值	总分	权重
选址与交通	必须项	—			
	评分项	敏感土地保护	1	16	14.55%
		高优先场址	2		
		周边密度和多样化土地使用	5		
		优良公共交通连接	5		
		自行车设施	1		
		停车面积减量	1		
		绿色机动车	1		
可持续场址	必须项	施工污染防治			
	评分项	场址评估	1	10	9.09%
		保护和恢复栖息地	2		
		空地	1		
		雨洪管理	3		
		降低热岛效应	2		
		降低光污染	1		
用水效率	必须项	建筑整体用水计量			
		室内用水减量			
		室外用水减量			
	评分项	室外用水减量	2	11	10%
		室内用水减量	6		
		冷却塔用水	2		
		用水计量	1		
能源与大气	必须项	基本调试和查证			
		最低能源表现			
		建筑整体能源计量			
		制冷剂基本管理			
	评分项	增强调试	6	33	30%
		能源效率优化	18		
		高阶能源计量	1		
		能源需求反应	2		
		可再生能源生产	3		
		增强制冷剂管理	1		
		绿色电力和碳补偿	2		

续表

大类	小类	项目	分值	总分	权重
材料与资源	必须项	可回收物存储和收集			
		营建和拆建废弃物管理计划			
	评分项	减小建筑生命周期中的影响	6	14	11.82%
		产品环境要素声明	2		
		原材料的来源和采购	2		
		材料成分	2		
		施工和拆建废弃物管理	2		
室内环境质量	必须项	最低室内空气质量表现			
		环境烟控			
	评分项	增强室内空气质量策略	2	16	14.55%
		低排放材料	3		
		施工期室内空气质量管理计划	1		
		热舒适	1		
		室内照明	2		
		自然采光	3		
		优良视野	1		
		声环境表现	1		
		室内空气质量评估	2		
设计与创新	必须项	—		6	5.45%
	评分项	设计创新	5		
		通过 LEED 认证的专业人员	1		
区域性	必须项	—		4	3.63%
	评分项	区域特点	4		

以建筑施工及设计环境性能评价（LEED BD+C）为例，该评价指标体系包括选址与交通、可持续场址、用水效率、能源与大气、材料与资源、室内环境质量六项主要指标，共计 100 分，另有创新及区域性两项加分项，共 10 分，最终总分 110 分。共分为四个认证等级，其中认证级 40~49 分；银级 50~59 分；金级 60~79 分；铂金级 80 分以上。

LEED 各项得分高低直接代表指标的重要性，全部评价活动必须在满足必要项条件的基础上进行。相比我国《绿色建筑评价指标体系》GB/T 50378—2019，LEED 评价指标体系的分项数更少，评价指向性更强，评价指标体系更加简洁高效。

"能源与大气"是 LEED V4.0 版本整个评价指标中权重最高的部分，总分 33 分，占比 30%。其中能源效率的优化占 18 分，此指标也是所有评价单项中得分（权重）最高的，可见能源效率的改善及提高一直是绿色建筑评价指标体系的关键得分点。其中，可再生能源（EAc Renewable Energy）：对于有大量场地内可再生能源的工程可得分数更高。

在多个更新版本中，"能源与大气"的权重由开始阶段的提升后一直稳定在一个权重较大的区间，这也是 LEED 强调的关键问题，最优先考虑的是节能减排。除了新增一个必须项"建筑整体能源计量"和一个评分项"能源需求反应"，其他评价指标基本相互对应。

2. LEED 认证之光伏

综合看来，在 LEED 认证标准中，对新建、在建的数据中心提出了实现采用可再生能源策略的建议。主要包括场址内自建可再生能源、租赁/购买可再生能源绿色电力、购买绿证三种形式。

(1) 场址内自建可再生能源

LEED V4.0 认证体系类型：LEED 建筑设计及施工 BD+C：DC EA Renewable Energy Production 可再生能源生产；LEED 既有建筑运营及维护 O+M：DC EA Renewable Energy and Carbon Offsets 可再生能源和碳补偿。

LEED 要求根据自建可再生能源产生的电量占比判定得分。新建建筑最高为 3 分；既有建筑最高为 5 分。

自建可再生能源系统通常是在项目场地内建设，利用光伏组件将太阳能直接转换为电能，统称分布式光伏发电。目前，国家政策大力鼓励分布式光伏发电，支持接入配电网，用户侧自发自用、多余电量可上传配电网，发电用电并存。市场上光伏发电的形式趋于多样化，可以在屋顶铺设光伏板，也可以做成幕墙、斜屋面瓦片的样式，满足不同项目需求。

(2) 租赁/购买绿色电力

LEED V4.0 认证体系类型：LEED 建筑设计及施工 BD+C：DC EA Green Power and Carbon Offsets 绿色电力和碳补偿；LEED 既有建筑运营及维护 O+M：DC EA Renewable Energy and Carbon Offsets 可再生能源和碳补偿。

LEED 规定所购买绿色电力必须在 2005 年 1 月 1 日之后已投入使用，并通过 Green-e 能源认证或类似认证。新建建筑需与绿色电力供电方签署至少 5 年的合同采购绿色电力，至少每年交付一次。提供 50% 项目用能，得 1 分；提供 100% 项目用能，得 2 分。既有建筑则需签署至少 2 年的合同采购绿色电力，并承诺会不断续签，至少每年交付一次。根据采购绿色电力的占比，最高可得 5 分。

这适用于"点对点"的方式，项目使用方和场外大型绿色电力站签订购电协议 (PPA) 来满足项目可再生能源的使用需求。随着国家对可再生能源产业的补贴逐步消减，推动风电、光电平价上网，使未来的风光电上网价格比煤电上网价格相近或者甚至更低。"点对点"采购绿色电力必将成为市场趋势。

LEED 建筑设计及施工 BD+C：DC EA Renewable Energy Production 可再生能源生产：

要求建筑与园区或社区的可再生能源的所有方签署至少为期 10 年的租赁协议。并且建筑与可再生能源系统位于同一个公共事业公司的服务区域内。基于可再生能源百分比，最高可得 3 分。

此点要求新建项目使用所在园区内的可再生能源系统。该可再生能源系统应由园区的管理方或第三方前期投资建设，然后在运营过程中将产生的绿电卖给周边的项目使用。LEED标准期望在新建园区项目上，推动更多的可再生能源建设。

（3）购买绿证

LEED V4.0认证体系类型：LEED建筑设计及施工BD+C：DC EA Green Power and Carbon Offsets 绿色电力和碳补偿；LEED既有建筑运营及维护O+M：DC EA Renewable Energy and Carbon Offsets 可再生能源和碳补偿。

LEED要求数据中心购买一定数量的、经第三方Green-e能源认证的REC证书。新建建筑需购买50％项目用能，得1分；100％项目用能，得2分。既有建筑根据采购REC绿色电力的占比，最高可得5分。

REC的全称是可再生能源电力证书，在美国是企业完成绿色配额制度的工具。在我国也有绿色电力证书，简称绿证，目前是自愿购买的。在我国的LEED认证项目，如果想申请此得分项，可以购买美国的Green-e认证的REC证书，也可以购买经第三方认证的中国的绿证，绿证需要被证明所售卖的绿电没有被重复买卖或使用。实际上，由于现在中国有补贴政策的支持，绿证的价格远高于美国的REC证书。但长远看，平价电力上网后，绿证的价格自然会调整到市场可接受的范围。

可再生能源的应用在LEED BD+C：DC 和 LEED O+M：DC标准中，最高都可获得5分（总分110分）。在整个标准体系里，这个分值是相对比较高的。另外，2021年我国六部委联合组织开展国家绿色数据中心（2020年）评价工作中，关于分布式光伏发电和绿证采购等方面同样提出得分要求，最高可得5分（总分105分）。

3. 国内LEED认证项目典型案例[1]

位于山西省大同市国际能源革命科技创新园的大同未来能源馆（见图1-46），同时达

图1-46　大同未来能源馆

[1]　赵园园，齐冬晖. 近零能耗技术在未来能源馆设计中的示范应用［J］. 山西建筑，2021，47(09)：160-162，191.

到"超低能耗""绿建三星""LEED"及"健康建筑"四个认证标准的要求，是国内首例实现近零能耗建筑水平的大型公共建筑，为我国近零能耗建筑技术在公共建筑中的推广运用发挥重要的示范引领作用。

该项目于 2019 年正式获得 LEED V4 BD＋C（建筑设计与施工）：New Construction and Major Renovations（新建及重大改造建筑）金级认证，成为大同市首座通过 LEED 认证的建筑，不仅在选址与交通、能源与大气、用水效率等方面的综合表现获得 LEED 高分肯定，更在建筑节能方面交出满分"答卷"。

大同未来能源馆项目建设用地位于大同市国际能源革命科技创新园 A 区的东南角中心门户区域，在大同市贯穿新旧双城的东西向空间主轴与御东新城南北向主轴线的交汇处。作为园区的标志性建筑，承担着全方位宣传展示山西能源革命历程和成就的重要职能，建设定位为集主题展示、会议接待、园区管理、科普教育等功能为一体的开放型展览交流中心。展馆总建筑面积 2.9 万 m^2，主体地上 3 层，地下 1 层，建筑高度 23.7m，其中主题展示区面积约 2 万 m^2。项目建筑技术设计的战略重心突出绿色低碳和新能源利用技术系统应用的攻坚突破，运用前沿技术，牢固树立对标国际一流的设计目标，始终坚持创新引领思路，通过覆盖工程设计全专业的系统集成创新，大同未来能源馆成为国内首例实现"正能建筑"目标的大中型展馆，完美诠释了"云端上的正能量"的创作理想和时代精神。

在 2019 年 9 月 1 日国家标准《近零能耗建筑技术标准》GB/T 51350—2019 实施之前，大同未来能源馆项目就确定在节能标准上达到正能建筑水平，通过各专业紧密合作，实现规定设计目标，成为我国首例近零能耗展馆建筑，达到国内相关领域领先水平。

大同未来能源馆项目以"被动优先、主动优化"的设计理念，构建核心技术体系（见图 1-47），被动式和主动技术手段深入结合，建立展馆空间使用实态参数模型，反复进行建筑全年逐时能耗工况模拟计算，并对数据进行深入的动态耦合分析研究，做多方案比较及统筹权衡，最终精准确定设备系统选型与被动技术系统构造措施的最佳组合方案，实现建筑本体能耗（不包括展陈设备能耗、数据中心能耗和室外景观照明能耗）的最小化和本

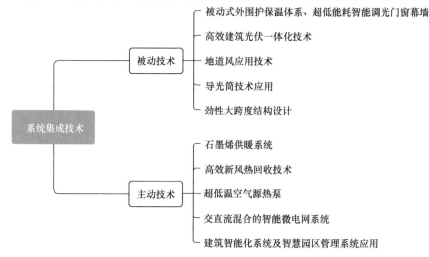

图 1-47　大同未来能源馆技术集成图

体可再生能源利用最大化。通过仿真模拟预测建筑的年能耗为 1457532.42kWh，可再生能源年发电量为 1230036.50kWh，占建筑年用电量比例为 84.39%，建筑每平方米每年的净能耗约为 98.59kWh，最终实现国家标准《近零能耗建筑技术标准》GB/T 51350—2019 规定的近零能耗指标。

为实现近零能耗建筑的能效指标，该项目在最大限度降低建筑供暖供冷需求以实现近零能耗绿色建筑的前提下，最大可能地利用建筑屋面和立面，选用高效的太阳能光伏发电系统，实现发电量最大化，以达到最小的能源消耗。由于实际使用情况的天气变化，尤其是太阳辐射量的不完全准确性，在设计阶段，应以确保建筑效果的前提下设计最大发电量。该太阳能光伏发电方案由五个子系统组成，分别是屋面光伏系统、东立面光伏系统、西立面光伏系统、南立面光伏系统、采光顶光伏系统，共有 1340 块 410Wp 单晶硅光伏组件、926 块 320Wp 单晶硅光伏组件、1405 块 40W 的薄膜光伏组件、160 块 100W 的薄膜光伏组件，总装机容量为 917.92kWp，接入微电网系统的光伏组串总功率为 917.23kWp。系统主要设备由 23 个智能汇流箱、18 台 50kW 的 DC-DC 变换器、1 台 20kW 的 DC-DC 变换器、1 个二级汇流计量箱组成。光伏系统为计入组件功率衰减的首发电量合计 1230036.50kWh（见表 1-13）。

为了符合建筑师要求的白色"能源云"的理念，该项目创新性地采用了仿铝材型碲化镉薄膜光伏电池，实现了光伏与建筑的完美融合。大同未来能源馆的外立面幕墙由 1000 多片白色铝材型碲化镉薄膜组件组成，它们可以满足建筑本体用能的全需求。建筑师对精准配色和较高发电量的要求通过建筑人与光伏人的共同努力得以实现。

能源是绿色建筑考量最重的一个方面，但是在以往的 LEED 认证中，由于缺乏替代能源，因此在建筑节能方面得到满分的建筑很少。而根据 LEED 认证要求，建筑还要在选址、建设和使用的过程中，尽量减少对环境的影响，并选用环保型的设备，同时还要对能源进行计量。大同未来能源馆采用完善的智慧能源系统，可以输出能源报表，并分析建筑的能源使用状况。这些先进的技术在申请 LEED 认证时都是得分项。获得 LEED 金级认证不仅能够证明项目是绿色建筑，更能够体现建筑本身的内涵。

大同未来能源馆光伏发电贡献情况　　　　表 1-13

安装部位	光伏组件类型	装机容量 (kW)	安装面积 (m²)	首年发电量 (kWh)	减排量 (t CO₂)
光伏幕墙	碲化镉薄膜	72.12	4450	75800	71
屋顶光伏	单晶硅	843.868	5350	1159500	1085
	合计	917.92	9800	1230036.50	1156

1.2.4　碳排放权[1]

减少温室气体排放、积极应对气候变化，已成为全球共识。2020 年 9 月中国向全球

---

[1] 中国建材检验认证集团股份有限公司肖鹏军. 碳排放权交易和 CCER 光伏项目开发［R］.

做出承诺，二氧化碳排放力争于 2030 年前达到峰值，努力争取 2060 年前实现碳中和，充分展示了中国积极应对全球气候变化的信心和决心。

全国从上到下，对碳排放的考核开始逐步进行。碳排放权交易作为利用市场机制控制和减少温室气体排放、推动绿色低碳发展的重大制度创新，推动实现碳达峰目标与碳中和愿景的重要政策工具，其价值作用日益凸显，全国统一碳市场也加速推进，并于 2021 年 7 月 16 日正式在发电行业率先启动碳排放权交易。

在此背景下，建筑项目的投资方和业主单位开始越来越关心自己是否拥有碳排放权，以及未来是否将需要购买碳排放权。本节将介绍和光伏建筑应用相关的碳排放权知识。

1. 碳排放权交易

碳排放，是指煤炭、石油、天然气等化石能源燃烧活动和工业生产过程以及土地利用变化与林业等活动产生的温室气体排放，也包括因使用外购的电力和热力等所导致的温室气体排放。碳排放权，是指分配给重点排放单位的规定时期内的碳排放额度。

碳排放权是具有价值的资产，可以作为商品在市场上进行交换。专家认为，碳排放权可能超过石油，成为全球交易规模最大的商品。

碳市场起源于 2005 年生效的《京都议定书》，目的是以市场化手段促进温室气体减排的路径。这一年，《京都议定书》确立了 CDM（清洁发展机制交易体系），让发达国家为了履行减排义务，可以通过减少其在国内的温室气体排放量，或从其他发展中国家购买温室气体排放额度的方法来履行自己的义务。

2007 年，中国成立国家应对气候变化及节能减排工作领导小组，并公布了《中国应对气候变化国家方案》。2008 年，国家发展改革委成立应对气候变化司，承担国家应对气候变化及节能减排工作领导小组有关应对气候变化方面的具体工作，节能减排的工作则由资源节约和环境保护司负责。

在《京都议定书》执行完毕的前一年，2011 年 10 月，国家发展改革委下发《关于开展碳排放权交易试点工作的通知》，同意北京、天津、上海、重庆、湖北、广东和深圳开展碳排放权交易试点。

这 7 个试点城市既有东部地区，也有中部地区和西部地区，目的是想在不同发展地区都能够探索中国进行碳交易的制度、机制，为建立全国碳交易市场做准备。根据生态环境部数据，截至 2021 年 3 月，我国碳市场共覆盖 20 多个行业、2038 家重点排放企业，累计覆盖 4.4 亿 t 碳排放量，累计成交金额约 104.7 亿元。

2020 年 12 月 31 日，《碳排放权交易管理办法（试行）》正式公布，自 2021 年 2 月 1 日起施行。2021 年 7 月 16 日，全国碳排放权交易在上海环境能源交易所正式启动。9 点 30 分，首笔全国碳交易已经撮合成功，价格为每吨 52.78 元，总共成交 16 万 t，交易额为 790 万元。

首批纳入的发电行业重点排放单位共 2162 家，覆盖约 45 亿 t 二氧化碳排放量。目前，全国碳市场覆盖范围明确了八个高耗能行业将逐步纳入，包括石化、化工、建材、钢铁、有色、造纸、电力和航空。在启动初期，将电力行业（纯发电和热电联产、燃气发电机组）2225家企业作为突破口，纳入第一次交易主体，后面会按照"成熟一个、纳入一个"的原则纳入其他行业。到"十四五"末，一个交易额有望超千亿元的全球最大碳市场将在中国建成。

碳排放权因为其稀缺性而形成一定的市场价格，具有一定的财产属性，在碳约束时代，逐渐成为企业继现金资产、实物资产和无形资产后又一新型资产类型——碳资产。对重点排放单位来说，碳资产管理得当，可以减少企业运营成本、提高可持续发展竞争力并增加盈利；管理不当，则可能造成碳资产流失，增加运营成本，降低市场竞争力，影响企业可持续发展。对投资机构来说，碳市场已成为资本博弈的新领域，各类碳金融产品和工具不断探索创新。

碳排放权交易，顾名思义就是将二氧化碳的排放权当成商品一样在交易所买卖，以达到控制碳排放总量的目的。交易前，政府首先确定当地减排总量，然后再将排放权以配额的方式免费发放给企业等市场主体。企业根据自身减排进度，在市场内有买有卖，产生良性流动性，而全国总排放量仍被控制在指标范围之内。

碳排放权的配额发放、核查、CCER配额上交，以及核销流程如图1-48所示。

2. 碳排放权之光伏

全国碳市场启动后，首先受益的是新能源运营板块，比如风电、光伏、垃圾发电等细分行业，新能源运营企业可通过出售CCER而在原有的运营收益基础之上获得额外的收益。另外，新能源运营企业的效益通过碳交易得到提升后，有利于刺激新能源装备行业的发展。

CCER（Chinese Certified Emission Reduction）是国家核证自愿减排量的英

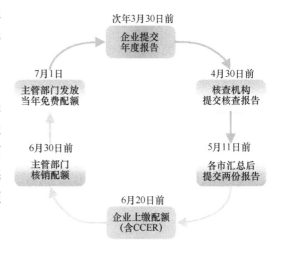

图1-48 碳排放权的配额管理流程

文缩写，是经过国家行业主管部门审核备案的具有温室气体减排量的总称，是指对我国境内可再生能源、林业碳汇、甲烷利用等项目的温室气体减排效果进行量化核证，并在国家温室气体自愿减排交易注册登记系统中登记的温室气体减排量。该减排量可用于碳交易履约配额的有条件抵消，属于企业碳资产的一项重要组成部分。

《全国碳排放权交易管理办法（试行）》明确"用于抵消的CCER应来自可再生能源、碳汇、甲烷利用等领域的减排项目"以及"重点排放单位可使用国家核证自愿减排量（CCER）或生态环境部另行公布的其他减排指标，抵消其不超过5%的经核查排放量"。也就是说，国家要求企业以自身减排为主，辅助以通过CCER交易购买可再生能源等减排项目。

光伏项目作为可再生能源的重要组成部分，是CCER项目开发的重要组成。碳交易体系下的履约与抵消机制如图 1-49 所示。所谓"碳排放权"，是指企业依法取得向大气排放温室气体的权利。经当地政府部门负责核定，企业会取得一定时期内排放温室气体的配额。当企业实际排放量超出配额时，超出部分需花钱购买；当企业实际排放少于配额，结余部分可以结转使用或者对外出售。

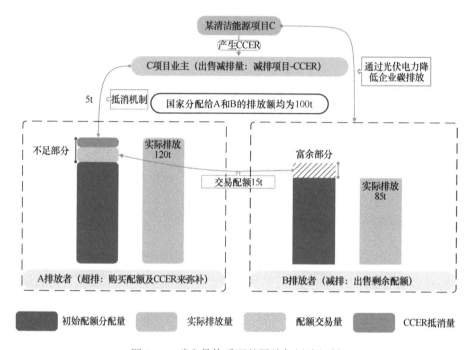

图 1-49　碳交易体系下的履约与抵消机制

随着欧洲经济低迷以及《京都议定书》第一阶段的结束，CER 价格不断下跌，CDM 项目发展受阻。在此情况下，2012 年我国开始建立国内的自愿减排碳信用交易市场，其碳信用标的为 CCER（国家核证自愿减排量，Chinese Certified Emission Reduction）。2015 年自愿减排交易信息平台上线，CCER 进入交易阶段。2017 年，CCER 项目备案暂停。此前我国 CCER 交易主要参照《温室气体自愿减排交易管理暂行办法》。目前主管部门正在对 2012 年印发的《温室气体自愿减排交易管理暂行办法》进行修订，待修订完成并发布后，将依据新办法重启 CCER 的备案受理相关申请及交易。全国碳排放权交易市场已于 2021 年 7 月 16 日正式开市，全国温室气体自愿减排注册登记系统和交易系统也正在由北京绿色交易所有限公司进行公开招标，标志着全国 CCER 交易市场也将在北京重新启动。

根据此前的《温室气体自愿减排交易管理暂行办法》规定，CCER 具有自愿性和额外性原则。自愿性是相比于配额市场的强制性而言，相关企业可以自愿选择是否参与炭交易。而对于光伏发电项目来说，CCER 的额外性原则是需要特别注意的！

额外性则是指 CCER 项目活动所产生的减排量相对于基准线是额外的，即这种项目活动在没有外来的 CCER 支持下，难以正常运行，比如存在财务、技术、融资等方面的阻碍，另一方面，如果该项目在没有 CCER 的情况下能够正常运行，则无减排量的额外性可言。因此，项目收益情况较差的光伏发电项目才会有参与 CCER 交易的可能性。从这个角度来看，光伏幕墙发电系统由于与屋顶光伏发电系统相比，相对来说发电量较低，投资成本较高，参与 CCER 方面很可能会具有优势。

对于光伏项目而言，CCER 带来的年收入为：收入＝年净上网电量×电网基准线排放因子×CCER 成交价。其中，年净上网电量主要与光电转换效率、当地的日照时间、弃光限电政策等因素相关。当地的太阳能利用小时数越高、弃光率越低，则净上网电量越高，产生的减排量也越高。电网基准线排放因子则由国家发展改革委每年发布"中国区域电网基准线排放因子"计算而来。

1.2.5　绿色建材[1]

虽然近 20 年来中国光伏应用市场蓬勃发展，建筑的光伏应用项目成为国家新能源推进工作中的重要组成，但是建筑行业及业主单位、投资商以及社会各界仍存在对光伏产品的各种质疑，其中最重要的质疑包括：光伏制造属于高能耗、高污染吗？有辐射和光污染问题吗？以后组件如何回收？这些问题涉及产品的绿色化，也就是对于生态、环境、能源、资源的影响。本节就介绍从全生命周期理念出发的光伏产品"绿色建材"属性。您将了解到，光伏绿色建材已经成为我国绿色建筑和绿色建材工作中的一部分，并为"建筑碳中和"目标的实现发挥重要作用。

1. 绿色产品和国家绿色发展战略

绿色化体现环保、节能、节水、循环、低碳等社会公益属性的要求，是各国经济发展的必由之路。2012 年，党的十八大报告就提出了我国的绿色发展理念。2015 年，党的十八届五中全会强调，要牢固树立并切实贯彻创新、协调、绿色、开发、共享的发展理念。2015 年，国务院印发的《生态文明体制改革总体方案》指出：建立统一的绿色产品体系。2016 年，国务院办公厅印发了《关于建立统一的绿色产品标准、认证、标识体系的意见》。2018 年，国家认证认可监督管理委员印发了《关于发布绿色产品认证标识的公告》，给出了我国的"绿色产品"标识，如图 1-50 所示。

基本标识　　　　　　变形标识

图 1-50　"绿色产品"标识

---

[1] 肖鹏军. 基于"全生命周期"理念的光伏产品"绿色建材"评价. 浙品光伏公众号。

要实现绿色发展,开展产品的绿色评价和标识必不可少。据统计,全球有近 200 个国家、460 多种"绿色"标识,包括欧盟生态标签、德国蓝天使、北欧白天鹅等,如图 1-51 所示。据报道,德国 68% 的人愿意为使用"蓝天使"标志产品付出更高的费用。

图 1-51 不同国家和地区"绿色"产品标识

我国 2017 年发布的《绿色产品评价通则》GB/T 33761—2017 中给出了"绿色产品"的定义,即"在全生命周期过程中,符合环境保护要求,对生态环境和人体健康无害或危害小,资源和能源消耗少、品质高的产品"。

2019 年,市场监管总局发布《绿色产品标识使用管理办法》,规定了认证机构除可以对纳入国家统一的绿色产品认证目录的产品进行认证外,还可以依据市场监管总局联合国务院有关部门共同推行的涉及资源、能源、环境、品质等绿色属性(环保、节能、节水、循环、低碳、再生、有机、有害物质限用等)的认证制度开展"绿色产品"认证活动。这其中就包括按照《绿色建材评价标识管理办法》进行的绿色建材分级认证。我国绿色建材产品分级认证标识如图 1-52 所示。

图 1-52　绿色建材产品分级认证标识

2. 绿色建材评价与政府采购绿色建材试点

在经历 20 世纪 70 年代的能源危机以后，世界各国纷纷发展绿色建筑。进入 21 世纪，我国开始了"全生命周期"的绿色建筑评价，其中建筑材料的绿色评价首当其冲。

2013 年，《绿色建筑行动方案》明确指出要"大力发展绿色建材，研究建立绿色建材的认证制度，编制绿色建材目录，引导规范市场消费"。2014 年，住房和城乡建设部、工业和信息化部联合印发了《绿色建材评价标识管理办法》，明确了绿色建材支撑绿色建筑的属性，给出了"绿色建材"的内涵，即"在全生命周期内可减少对天然资源消耗和减少生态环境影响，具有'节能、减排、便利和可循环'特征的建材产品"。

无论是绿色产品还是绿色建材，全生命周期原则在绿色评价中具有核心地位。"全生命周期"原则是评价的核心，它代表着除了需要对产品本身的性能进行评价外，还要从原材料获取以及产品制造、使用、废弃、回收等各阶段出发，分析产品在不同阶段的能源消耗、资源消耗、环境影响、人体健康影响，对产品绿色属性进行综合评价，如图 1-53 所示。

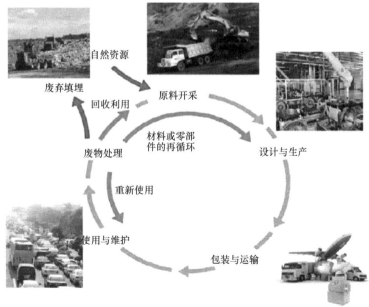

图 1-53　产品全生命周期示意图

2019 年，中国工程建设标准化协会发布了 51 个绿色建材评价标准。2020 年 8 月，市场监管总局、住房和城乡建设部、工业和信息化部联合印发了《关于加快推进绿色建材产品认证及生产应用的通知》，给出了第一批绿色建材产品认证目录。

2020 年 10 月，财政部、住房和城乡建设部联合发布《关于政府采购支持绿色建材促进建筑品质提升试点工作的通知》，通知要求，在政府采购工程中推广可循环可利用建材、高强度高耐久建材、绿色部品部件、绿色装饰装修材料、节水节能建材等绿色建材产品，积极应用装配式、智能化等新型建筑工业化建造方式，鼓励建成二星级及以上绿色建筑。到 2022 年，基本形成绿色建材和绿色建筑政府采购需求标准，政策措施体系和工作机制逐步完善，政府采购工程建筑品质得到提升，绿色消费和绿色发展的理念进一步增强。通知明确了南京市、杭州市、绍兴市、湖州市、青岛市、佛山市 6 个城市成为国家首批试点城市，要求在医院、学校、办公楼、综合体、展览馆、会展中心、体育馆、保障性住房等新建政府采购工程中开展试点项目。

同时，结合有关国家标准、行业标准等绿色建材产品标准，财政部、住房和城乡建设部会同相关部门制定发布了《绿色建材和绿色建筑政府采购基本要求（试行版）》，试点地区可根据地方实际情况，对上述基本要求中的相关设计要求、建材种类和具体指标进行微调。试点地区要通过试点，在基本要求的基础上，细化和完善绿色建筑政府采购相关设计规范、施工规范和产品标准，形成客观、量化、可验证并适应不同地域、不同用途建筑的绿色建材和绿色建筑政府采购需求标准，报财政部、住房和城乡建设部。

3. 绿色建材之光伏

（1）光伏产品是重要的"绿色建材"

2001～2008 年，我国开始鼓励在公益性建筑上应用光伏产品，建设了一些规模相对较小的建筑光伏一体化（BIPV）示范项目。

2009～2012 年，我国开始通过财政补贴支持开展建筑光伏应用示范项目，其中包括财政部和住房和城乡建设部联合推出的太阳能光电建筑应用示范项目。在这期间，建成了约 1GW 的光电建筑示范项目，其中包括一批建材型、构件型光电建筑一体化项目，光伏产品主要作为玻璃幕墙门窗和屋顶安装到建筑上。

2013～2017 年，光伏市场统一为"度电补贴"，建材型、构件型光电建筑应用项目建设规模迅速下降。

2018 年，随着光伏补贴政策调整，光伏组件成本快速下降，光伏产品在建筑上应用的价格瓶颈被打破。另外，随着建筑能耗总量的逐年上升，建筑能源转向电气化成为刚需。同时，我国绿色建筑的评价标准中对可再生能源的应用提出了明确要求。在建筑中使用光伏产品，同时具备了无能源浪费、维护成本低、投资成本低、占用建筑空间小等诸多优势，越来越多的建筑上开始安装太阳能光伏发电系统。近年来，随着工商业屋顶分布式光伏项目、新型房屋建设项目、装配式建筑项目的大力推广，光伏组件、光伏系统的建筑材料属性越来越突出。

2020 年，在"建筑碳中和"使命的背景下，住房和城乡建设部、工业和信息化部等九部委发布《住房和城乡建设部等部门关于加快新型建筑工业化发展的若干意见》，明确提出要促进与建筑结合的光伏发电系统的应用，光伏产品迎来在建筑上广泛应用的重大发展机遇。

（2）光伏产品的绿色建材评价与认证

2019年，中国工程建设标准化协会发布的51个绿色建材评价标准中，包括了《绿色建材评价 光伏组件》T/CECS 10043—2019和《绿色建材评价 太阳能光伏发电系统》T/CECS 10074—2019两项光伏产品的评价标准。

2020年，市场监管总局、住房和城乡建设部、工业和信息化部发布的第一批绿色建材产品认证目录，光伏组件和太阳能光伏发电系统名列其中。

按照上述两个标准的要求，光伏组件和太阳能光伏发电系统的评价指标体系包括基本要求和评价指标要求：

（1）基本要求包括原材料的基本要求、生产企业的资质、质量、环境和能源管理体系的要求等。

（2）评价指标由资源属性指标、能源属性指标、环境属性指标和品质属性四项构成，在四项指标下设置了多个可量化的二级指标。

基于"全生命周期"的理念，上述两个标准从原材料利用率、厂界噪声、环境污染、安全生产、生产能耗、废弃物处理、有毒有害物质处理、温室气体排放、碳足迹核查、环境产品声明（EPD）、建筑影响评价（如产品对建筑的防水、保温、EMC等性能产生的影响）、产品发电效率和衰减率、产品使用寿命等多个方面，对光伏产品在资源消耗、能源消耗、环境污染和人体健康影响等方面进行了综合评价，并将"绿色建材"产品分为一星、二星、三星三个等级。

通过"绿色建材"认证的产品，可以纳入绿色建材评价标识管理办公室主管的"绿色建材大数据"中，应用单位可以访问全国绿色建材认证（评价）标识管理信息平台，通过数据库查看入库产品和企业。

例如，产品名称输入"光伏"，将会显示图1-54所示的结果（随着光伏绿色建材认证的不断开展，企业列表将不断丰富）。点击"查看详情"，将可以查询到相应的绿色建材认证证书和相关认证情况。

图1-54 国家绿色建材大数据"光伏"绿色建材查询结果（2021年10月）

（3）绿色建材产品在建筑项目中的全流程实施

杭州市是国家首批政府采购支持绿色建材促进建筑品质提升试点城市，杭州市财政局、市建委、市发改委等部门联合起草并发布了"1＋N"个试点文件，如表1-14所示。这些文件从不同的角度，对于试点项目从可研、设计、工程招投标、采购、施工到检测、验收全过程都进行了规定，其中也把光伏应用系统全面融入。这为未来光伏绿色建材的规模化应用奠定了很好的工作基础。

杭州市绿色建材相关政策文件   表 1-14

序号	文件	作用
1	《杭州市政府采购（投资）支持绿色建材促进建筑品质提升试点实施方案》	规范性文件
2	《杭州市政府采购绿色建材采购目录》	明确了工程采购应当采用的绿色建材种类和指标
3	《杭州市绿色建筑和绿色建材政府采购（投资）需求标准》	作为全市试点项目的可研编制、设计、工程招投标、采购、施工、检测、验收的重要依据
4	《试点项目施工图绿色建筑和绿色建材设计专篇（模板）》（分为居住建筑和公共建筑两部分）	加强工程可研编制及设计阶段管理
5	《试点项目绿色建筑和绿色建材应用第三方评估（评价）技术导则》	组织做好第三方机构实施（预）评价
6	《试点项目绿色建筑和绿色建材应用全流程实施指南》	有效指导建设单位、设计单位、工程承包单位开展相关工作

可以预见，随着国家及各地方陆续出台的"绿色建材"配套政策的实施以及北京城市副中心、雄安新区等重点工程的应用，光伏绿色建材必将伴随我国的绿色发展一起腾飞，为我国实现2060年碳中和的目标提供卓越贡献。

1.3

光伏幕墙设计须知

光电建筑的设计，具体到光伏幕墙的设计，对于大多数建筑设计师而言，这是一个全新的领域。本节旨在帮助建筑设计师对于光伏幕墙构建基本的逻辑体系，并对相关设计影响因素有所认知，这将有助于建筑设计师统筹考虑光伏幕墙设计工作，并对如何正确选择与应用不同光伏技术路线与产品有所把握。

1.3.1　建筑师相关

建筑师在进行光伏幕墙的设计工作中，需要多层次、多维度地对其相关影响因素进行统筹考量，以此响应整体建筑艺术创作并获得综合最佳的设计成果。

其中，要特别提请关注的是：安全是光电建筑的基本底线，遵从建筑法规是基本规则；光伏建材产品以及建筑幕墙的相关构造技术是光伏技术以建材的形式应用于建筑的瓶颈与关键。以光伏幕墙为重要表现形式的光电建筑的底线与关键在于安全、构造。

1. 应用部位

在建筑设计中采用光伏幕墙形式的本质意义在于利用光伏发电技术为建筑赋能，从而响应"双碳"目标需求。鉴于光伏产品获得日照资源的多少直接影响了光伏发电能力的强弱，因此，光伏幕墙具体应用部位的朝向、倾角等条件至关重要。通常情况下，西南45°至东南45°范围内的建筑立面以及玻璃幕墙形式的建筑穹顶是优选的光伏幕墙应用部位，北面则原则上不建议安装。

2. 功能性

无论采用何种光伏技术路线与产品，首先应当考虑的是光伏幕墙在建筑外围护结构体系中的具体应用部位的建筑功能需求，或者，简单地思考：将发电功能去除后，对应的幕墙应具有什么样的建筑功能？比如：保温、防水、透视等。明确这些需求后，对于光伏幕墙采用何种技术路线与产品就形成了具体的范围边界与约束条件。

3. 建筑美学

响应建筑设计艺术创作，是光伏幕墙设计与应用应当遵循的基本原则，其建筑美学要素包含形式、构造以及材料特性（色彩、透明度、材质质感等），由此构建多层次、多维度的光伏技术与产品应用的美学体系；更进一步地，需要以建筑美学要素为基础，统筹考虑光伏产品与传统建材的结合应用，以相融共生的方式促进光伏幕墙深度响应建筑设计艺术创作。

4. 安全性

安全为先，是光伏幕墙设计与应用应当遵循的基本前提。鉴于光伏产品同时兼具建材与电气设备的双重属性，因此，光伏幕墙的安全性应当从这两个维度予以考量。从建材的维度考虑，与传统意义对幕墙所需关注的重点基本一致，在此不做赘述；从电气设备的维度考虑，应当重点考量光伏电气火灾的预防、相关消防救援措施、防雷、防触电等安全要素。

5. 空间

从光伏系统整体构成的维度来看，除光伏面板外，还有电缆系统以及逆变器、汇流箱、并网柜等电气设备，建筑师对光伏幕墙设计应当兼顾到相关电气设备的空间位置与摆放，对相应的配电间、设备用房及空间进行设计统筹，并应有利于运行维护与安全管理。另外，需要强调的是：对于电缆系统的走线空间布局与构造设计应在确保安全的前提下，充分考虑运维检修的便利性。

6. 成本

成本是建筑设计中应充分考虑的重要影响因素，相较于传统建筑幕墙，光伏产品及其电气系统带来的一次性直接投资的增量成本较高，但光伏幕墙具有长期的发电功能与收益，在全生命周期内可以实现投资回收并额外产生增值收益，因此，对于光伏幕墙的成本，需要将一次性直接投资成本与全生命周期内的投资收益进行统筹考虑、综合判断，单纯考虑初始投资成本或不考虑全生命周期运维的投资收益，都是非理性的、有失偏颇的。

7. 发电

由于不同技术路线的光伏产品的效率及技术特性不同、光伏幕墙的应用部位及色彩、透明度等差异化因素，导致光伏幕墙的实际发电能力差异较大，转换效率高的光伏组件并非意味着用到幕墙上后系统实际发电量一定多，因此，需要根据具体应用场景条件选择适应的光伏技术路线。

8. 节能

光伏材料在发电的同时也会发热，通常晶硅类光伏产品相较于薄膜类光伏产品的发热情况会更为明显，这种发热情况会对光伏幕墙的热工性能产生影响，其影响度视具体地域气候特征、季节、应用部位、形式、构造等诸多因素综合作用而异。在光伏幕墙设计中，应响应建筑节能需求，综合考量多种影响因素，通过包括构造措施在内的多种设计方法做好热的疏导与利用。

1.3.2　建筑幕墙设计师相关

建筑幕墙设计师在进行光伏幕墙设计之初，全方位地对光伏材料及构造特点有一个初步了解，可以更好地从外观上对建筑方案效果进行对比，从发电量上对投资回报率进行对比，从工程成本上对施工及运维的便利性进行对比。

1. 光伏技术路线

不同技术路线的光伏组件，在产生的效果、特性和技术参数方面均有所不同，可在本书第 1.1 节中找到答案。

2. 方位和倾斜角

不同地区的光伏幕墙在满足建筑效果的基础上，要获得最大发电量，需考虑合适的方位角与倾斜角。当倾斜角度被限制以后，可以根据不同的方位来计算可以达到的最大发电量，结合工程造价，可得到投资回收期。

（1）光伏组件方阵的方位角是方阵的垂直面与正南方向的夹角（向东偏设定为负角度，向西偏设定为正角度）。一般情况下，方阵朝向正南（即方阵垂直面与正南的夹角为 0°）时，太阳电池发电量是最大的。

在偏离正南（北半球）30°时，方阵的发电量将减少 10%～15%；在偏离正南（北半球）60°时，方阵的发电量将减少 20%～30%。

只要在正南±20°之内，都不会对发电量有太大影响，条件允许的话，应尽可能偏西南 20°之内，使太阳能发电量的峰值出现在中午稍过后某时，这样有利冬季多发电。

如果要将方位角调整到在一天中负荷的峰值时刻与发电峰值时刻一致时，请参考下述的公式。至于并网发电的场合，希望综合考虑以上各方面的情况来选定方位角。

$$方位角＝[一天中负荷的峰值时刻(24 小时制)－12]×15＋(经度－116)$$

（2）倾斜角是太阳电池方阵平面与水平地面的夹角，并希望此夹角是方阵一年中发电量为最大时的最佳倾斜角度。一年中的最佳倾斜角与当地的地理纬度有关，当纬度较高时，相应的倾斜角也大。

3. 规格尺寸

不同的光伏组件有不同的规格尺寸，对建筑效果有一定的影响，请参见本书附录 A 中部分光伏厂家的常见组件规格和技术参数，光伏组件规格可以根据不同的电气参数设计值（电压、电流等）定制。夹胶玻璃光伏组件可根据设计需要取消铝合金边框，调整封装电池片的玻璃厚度，封装电池片所使用的胶粘剂亦可根据不同项目需求定制。

4. 光线遮挡

光伏组件的遮挡问题会导致发电量减少，在设计及使用中避免和处理光伏遮挡是很有必要的。光伏组件的遮挡大致有以下几种：

（1）花草树木的遮挡。建筑物周边的花草树木会随时间增长，部分会对光伏组件有一定的遮挡。幕墙设计师在设计之初应提醒景观设计避免光伏组件的位置设置高大植物。

（2）鸟粪及灰尘的遮挡。地区不同灰尘的覆盖程度也不同，根据区域的特点，首先对光伏组件进行定期清洁，其次采用人工、机器或者清洁水车对重点遮挡区域重点清理。

（3）冬季降雪遮挡。北方地区降雪量大且频繁，降雪后雪堆积在光伏组件上还可能会使组件冻裂，采用人工扫除或其他方式，及时处理积雪问题。

5.电气线路布置

光伏幕墙设计中，应考虑光伏组件的线路布置，如隐藏在幕墙龙骨中，同时考虑线路的检修及更换组件时方便施工，以及逆变器的存放空间，注意通风散热。

1.3.3　电气设计师相关

光伏幕墙的电气计算，包括潮流分析、短路电流计算、电能质量分析、无功平衡计算和主要设备选择原则（包括主接线、送出线路导线截面、断路器形式等），可参见本书第2章。

光伏幕墙的电气设计主要有两种类型：全额上网和自发自用，余量上网模式。

1.全额上网

全额上网接线示意图如图1-55～图1-57所示。

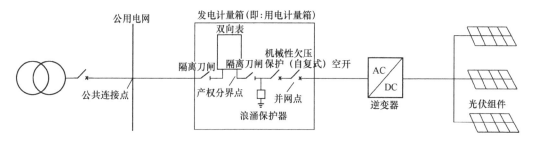

图1-55　全额上网接线示意图

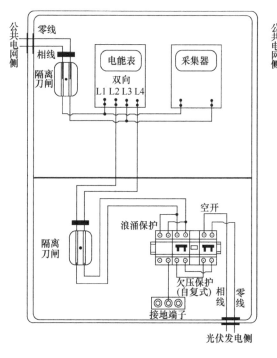

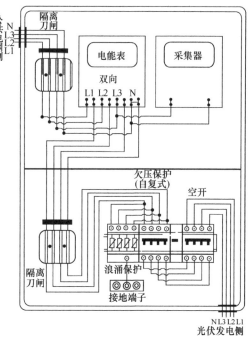

图1-56　全额上网单相计量箱接线布置图　　　图1-57　全额上网三相计量箱接线布置图

2. 余电上网

余电上网接线示意图如图 1-58～图 1-60 所示。

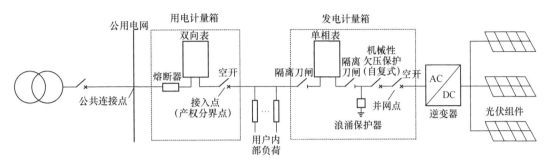

图 1-58　余电上网接线示意图

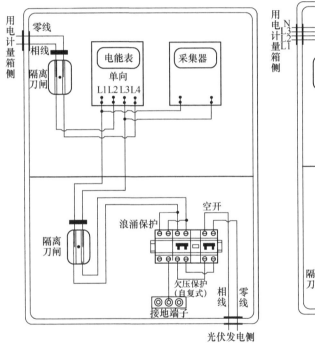

图 1-59　余电上网单相计量箱接线布置图

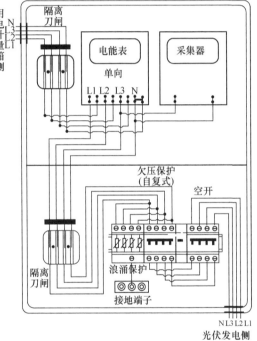

图 1-60　余电上网三相计量箱接线布置图

第 2 章

光伏幕墙设计

2.1

建筑设计

光伏幕墙的本质是幕墙的光电化，或者也可以理解为将光伏发电材料及其电气系统与幕墙构造方式方法结合而产生的新的品类。正如光电建筑行业归属于建筑行业，光伏幕墙归属于幕墙，光伏幕墙是幕墙的新兴领域与分支，幕墙面板材料具有光伏基因、发电属性是其典型特征。

光伏幕墙是光电建筑最为典型的表现形式，对其设计方法的研究与探讨，有利于光伏建材在幕墙上的正确应用、有助于行业的健康发展。从项目的前期策划、方案构思阶段就全面思考建筑光电化系统性解决方案，是光伏幕墙设计的重要基础。

本章从建筑设计、幕墙设计的角度讨论光伏幕墙相关设计问题，不再赘述其他与传统幕墙设计相关的内容。

光伏发电相关电气系统设计在其他章节详述。

2.1.1 光伏幕墙设计的基本原则

光伏幕墙的设计基本流程如图 2-1 所示。

通常来说，光伏幕墙的设计主要遵循以下三项基本原则：

1. 安全为先、统筹协调原则

在保障构造安全、电气安全等安全要素的前提下，将多种影响因素综合起来进行评估，妥善、有机地将光伏发电材料及其系统融合于幕墙系统之中。事实上，这种融合是不能追求单方面的极致或最佳的，比如，一味追求发电效率及经济性，而忽视安全性及建筑对幕墙的各种功能要求的做法，是错误和危险的。

事实上，结合广泛的应用实践，在绝大多数情况下，由于光伏幕墙难以获得最佳朝向与倾角，光伏幕墙的光伏发电面板难以处于最佳发电状态；由于建筑投资人及建筑师对于光伏幕墙有色彩、透光等要求，在一定程度上降低了发电效率；确保安全及相关功能的实现，加之建筑艺术表现需求，也一定程度地增加了光伏幕墙的单位成本，经济性降低，单纯从发电收益的角度来看，其经济性弱于屋面分布式光伏电站。

而重要的是，如何将安全、发电效率、建筑艺术表现、功能、经济性等各维度的诉求与要素做更好结合、做到综合最佳是对设计的考验。

综合各种因素解决设计中的矛盾与冲突的方法、路径和结果不是唯一的，但安全为

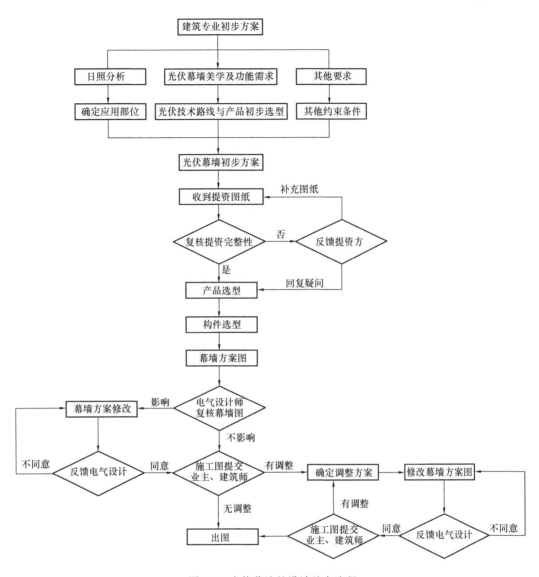

图 2-1　光伏幕墙的设计基本流程

先、统筹协调应是最为基本的设计原则。

2. 建材功能优先原则

要注意的是，光伏幕墙产品，首先满足建材功能，在此基础上考虑提高发电效率。

光伏幕墙首先要承担的是建筑外围护功能，在建筑设计中，对该部分光伏幕墙应承担的相关功能均需全面响应与满足，如：隔声、隔热、防结霜、防潮、抗风等。

在这些功能需求得以满足的基础上，根据项目具体情况进行场景分析，判断是否存在对透光率、色彩、朝向、倾角等进行调整进而提高发电效率的可行性。通常，这样的调整需要与项目投资人、材料供应商进行充分沟通，以更好的材料语言、构造方式确保与投资目标及建筑艺术创作相协调。

3. 建筑艺术基础原则

在响应建筑艺术创作表现的基础上，考虑提高发电效率。

光伏幕墙除了具有相应的建筑外围护结构功能外，因其材料语言的丰富与多元化，使其具有较好的响应建筑艺术创作表现的能力，通过有机地组合应用，为建筑设计创作提供更为丰富的材料与工具，从而丰富建筑形态、充分体现建筑的设计理念和艺术价值。

建筑师在进行建筑方案构思创作时，应将光伏幕墙系统化地纳入整体方案中进行统筹考量、整体设计。当建筑艺术创作表现与提高发电效率之间出现冲突时，应当优先保障建筑艺术创作表现。

在此基础上，首先需要根据建筑艺术创作表现需求，对光伏幕墙相关技术路线和产品、系统进行适应性选型、适配，然后同上所述，根据项目具体情况进行场景分析，判断是否存在对透光率、色彩、朝向、倾角等进行调整进而提高发电效率的可行性。通常，这样的调整需要与项目投资人、建筑师进行充分沟通，以更好的材料语言、构造方式确保与投资目标及建筑艺术创作相协调。

2.1.2　设计前期准备与分析

光伏幕墙的设计方法大多采用了建筑设计方法以及幕墙设计方法，因其具有光伏基因，故而增加了相关因素及其特性的考量，以及材料、工具、方法的选择和协调。在广泛的实践中，不断总结经验、逐步形成丰富、完善的设计方法与系统，对于光伏幕墙行业的健康发展尤为重要。

这里重点介绍方案阶段的设计方法与工具，对于建筑师的设计工作应更有助益。

1. 设计前期准备与分析

在启动项目设计工作之初，应进行必要的前期准备与分析，为项目构建整体光伏幕墙系统解决方案奠定基础。

（1）合规性分析

对国家及地方的政策、法规、规范及标准等进行收集整理、解读分析，主要关注许可性政策、技术安全规定、鼓励性政策等方面，确保整体光伏幕墙解决方案合法合规，建立政策与技术安全底线和原则；在技术路线及产品选型等方面积极响应鼓励性政策，保障项目能够获得更好的投资收益。

由于光电建筑行业是建筑领域高速发展的新兴细分行业，国家及地方政府层面的标准规范丰富度不足，目前，以全国及地方的团体标准为主构建了相关标准体系，加之相关标准规范不尽完善、不能完全覆盖全部应用场景，因此，在现行标准规范无法覆盖具体应用场景需求时，进行场景类比、参考安全要素与对策、把握基本的建筑构造安全、光伏电气安全底线与原则是十分必要的。

（2）需求分析

项目干系人需求分析：项目投资者、使用者、政府管理部门、受项目影响者等是最为重要的项目干系人，常常会出现不同的项目干系人对项目的诉求不同乃至冲突和矛盾的情况。因此，对于重要的项目干系人的需求进行分析、统筹明晰各自的边界原则、寻求综合最佳解决方案是设计工作的重要前提。

建筑艺术与功能需求分析：建筑方案创作的艺术表现是重要的价值呈现，而建筑使用功能的实现以及相应的空间创建则是最为基本的刚性需求。在设计前期，对于这些需求进行分析、分类、统筹协调，兼顾考量技术适配以及经济性因素，明晰哪些是刚性的需求（必须完全响应的需求），哪些是柔性的需求（可调的、可相对灵活适应的需求）。这为刚柔并济地寻求整体解决方案、进行正确的技术路线和相关产品选型奠定了重要的基础与原则。

（3）趋势分析

大多建筑的存续时间长达数十年，对于建筑的发展趋势以及功能调整变化等趋势应做适当的分析，以利于建筑在更长的时间内能够适应发展与变化，使其使用生命周期更长，避免社会资源的浪费并响应全社会的减碳行动。如：对装配式建筑、智慧建筑、绿色建筑、零能耗建筑、正能源建筑等发展趋势的响应；对低碳、可持续、可循环、可再生能源等技术发展趋势的响应。

2. 方案建构

光伏幕墙设计需要在响应建筑师对建筑整体设计创作的基础上进行，设计前期的准备与分析，为后续方案的探索与建构奠定了基础，也明确了方案的目标与方向，接下来，需要研究探索的是与之相适应的、系统化的对策。为此，提供如下方法与工具供专业读者在设计工作实践中参考应用。

（1）类比分析

鉴于光电建筑行业的快速发展，而大多数建筑师缺乏实践经验的现状，对具有一定相似性的既有案例进行调研、类比分析是最为重要的方法。从环境因素、需求因素、经济因素、技术因素等多层面、多维度进行相似性、差异性分析，甄别哪些设计方法和技术、产品是可以借鉴应用的，哪些差异性需要另寻解决方案。

所有的设计方法及解决方案都应以光伏材料及相关产品特性为基础，由于行业技术进步快、相关产品加速迭代及多元化趋势明显，因此，当建筑师进行类比分析时，可借鉴但不应拘泥于既有案例的经验；同时，业内已有专门的光电建筑全系统解决方案服务商以及光伏幕墙专业设计公司，建筑师在方案建构的过程中，与这些专业机构的沟通合作亦能得到专业化的技术支持和快速的经验积累。

通过类比分析，方案的建构就产生了大致的轮廓，接下来，就需要进一步明确分析其他影响因子，令方案的建构渐进完善、方案轮廓更加清晰。

（2）光资源分析

光资源对于光伏幕墙设计而言，是极为重要的影响因素。从光伏发电的角度来看，项目所在地理位置及气象条件已经决定了太阳能辐射总量及日照时数，为了提高发电量，需要通过日照分析确定光伏发电面板的最佳朝向、最佳倾角，为其创造最佳发电条件，但事实上，绝大多数光伏幕墙应用于建筑外立面，光伏发电面板较难响应最佳朝向、最佳倾角的需求，这是几乎每个项目都会遇到的矛盾和需要统筹协调的问题。如何进行相应的设计工作？如何化解这些矛盾？推荐如下一些方法和工具供读者参考：

倾角：全国各主要城市的太阳能资源数据可通过查询获得，其中，包含了最佳倾角数据。基本概念是：维度越高，最佳倾角越大。光伏幕墙的光伏发电面板是否完全或部分响应最佳倾角需求，应结合建筑外立面设计进行统筹考虑：若响应，则外立面设计会受到很大程度的制约与影响，构造成本、材料成本等也会相应增加；若不响应，则发电效率会降低，在同等条件下，光伏发电面板垂直于地面布置方式大约是最佳倾角布置方式发电能力的 70%，这是供方案建构用的粗略估算经验值。

在设计过程中，对于倾角问题的考量不必强行追求最佳倾角，但若有条件，尽量考虑设置一定的倾角向最佳倾角方向靠近，以利于提高发电量。当然，这需要与建筑外立面设计统筹考量。倾角设计在一定程度上对建筑外立面形成了遮阳作用，因此，结合遮阳同步考虑倾角设计是正确的方式。

朝向：由于太阳运动轨迹的变化以及在建筑外表皮应用的限定因素，事实上，存在相对合理的朝向范围，但不存在最佳朝向。除正北朝向外，均可考虑光伏幕墙的应用，从实践工作中的经验来看，建议在设计工作中重点考虑南偏西 45°至南偏东 45°范围内的光伏幕墙应用。

建立了适当的朝向范围基础，接下来需要进行日照分析和阴影分析。首先，需要进行的是日照分析，日照分析可利用光伏行业和建筑行业的分析软件同步进行，其分析结果或有差异，为谨慎起见，从严取值较好；考虑经济性因素，建议将冬至日及夏至日分别计算分析、综合判断，将日均 3h 有效日照作为取值底线，低于 3h 日照的建筑外表皮部分不再纳入光伏幕墙设计的考量范围。通过日照分析，已经较大程度地缩小了考量范围，接下来，需要进行的是阴影分析。阴影分析较为复杂，需要对该建筑周边的建筑、树木、电杆等一切可能造成该建筑阴影遮挡的情况进行分析，同时，不能疏漏地形高差变化对此造成的影响。建议采用建筑行业软件进行阴影分析，通过分析可以得知建筑外表皮每个部位的阴影遮挡情况；当然，由于太阳运动轨迹的变化，阴影遮挡范围是动态变化的，这时，结合日照分析成果进行综合分析判断，就能获知建筑外表皮每个部位的实际有效日照小时数，同样，基于经济性的考量，建议将日均 3h 有效日照作为取值底线，低于 3h 日照的建筑外表皮部分不再纳入光伏幕墙设计的考量范围。此时，光伏幕墙的应用范围相应进一步缩小了，在此范围内，建筑师可以进行相对自由的设计创作了。

在设计过程中，若有条件，可通过构造措施进行幕墙造型调整，进行朝向纠偏，使部分光伏发电面板的朝向更利于发电效率的提升，若能巧妙应用，将会更有利于建筑师的方案创作，令光伏幕墙呈现更为丰富多彩的建筑语言。

此外，项目所在地的其他地理及气象条件，对于光伏幕墙的发电能力及相关设计会产生不同程度的影响，包括：海拔高度、温度、湿度、风、空气、区域小气候等。但最为重要的影响因素仍然是纬度因素。

（3）技术路线及产品选型分析

光伏产品的特性构建了独特的材料语言体系，这是光伏幕墙设计的重要基础，唯有充分了解这些特性，才能正确应用、更好地完成相关设计工作。在此，选择几个与建筑设计、幕墙设计关联度较高的重要特性做些介绍和设计方法建议，以利于建筑师在方案创作中进行正确的技术路线及产品选型分析、适应性分析。

透光：本书第 1 章已对晶硅类、薄膜类的透光型、半透光型、非透光型光伏组件产品做过介绍，从光伏幕墙设计角度如何进行技术路线及产品选型，需要结合设计目标进行分析判断。在此，给出的选型建议是：有透光透视需求的，选择薄膜类透光型产品；无透光透视需求的，选择薄膜类、晶硅类非透光型产品均可，但鉴于色彩表现、定制化及其应用成熟度等综合因素，优先考虑采用薄膜类非透光型产品，其中，尤以碲化镉技术为重点选型方向；有半透光透视需求的，选择薄膜类、晶硅类半非透光型产品均可，但若同时需要根据设计要求进行图案、纹理定制的，仍建议采用薄膜类产品为重点选型方向。

色彩与图案、纹理：以碲化镉技术路线为代表的薄膜类产品在色彩、图案、纹理等方面表现出色，可优先选择薄膜类产品；若兼有透光透视需求的，则只能选择薄膜类产品。市场上也出现了仿石材、仿铝板、仿木材、仿红砖、仿青砖等的产品，为建筑师的方案创作提供了更加丰富的选择。另外，从经济性的角度，建议尽量减少定制化程度。

表皮材质肌理：大多情况下，暴露于户外的光伏组件外表层材料为玻璃，有部分产品结合考虑减少光反射、增加外表肌理丰富度等因素在玻璃外表附着一层膜，设计时，可依据设计目标及偏好进行选型。需要注意的是：要关注膜表面的自净能力，避免表面集尘后难以清洁的问题；表皮玻璃需采用安全玻璃，应符合建筑用安全玻璃的相关标准。

弱光性：弱光性可以简单地理解为在较弱环境光照条件下，仍具有一定的发电能力，直接的效果便是弱光性好的产品，每天发电小时数也会更长。关于弱光性问题，光伏行业的专家尚有不同的见解与学术争论，之所以在此提出、请建筑师予以关注，在于前文提及的光伏幕墙较难处于最佳倾角和朝向状态，在这样不利的状态下，具有较好的弱光性能并更多地产出电力，当然是优先选型的方向。在弱光性方面，碲化镉薄膜类产品和晶硅类产品相比，具有较为突出的优势。

尺寸规格与模数：参见本书附录 A，光伏组件厂商的各类产品均有自己的标准尺寸规格系列，晶硅类产品的尺寸主要与晶硅电池的尺寸、电池组串排布有关，双玻组件可以通过定制方式在一定程度上响应建筑模数要求，但灵活度相对较低，在设计过程中需要通过构造技术及边框材料选型等方式协同解决尺寸、模数矛盾；薄膜类产品的尺寸主要与发电薄膜附着的建材基板尺寸及生产工艺有关，其尺寸规格大多能够适应建筑模数要求，加之方便切割的特点使其可定制的灵活度较高，能够很好地适应幕墙的定制化需求。

构造：除装配式光电墙板以及单元式光伏幕墙已在工厂端解决了产品及系统构造技术外，其他产品仅以幕墙面板形式供应市场，建筑师及幕墙工程师需要投入较大精力解决构造技术问题。从行业发展趋势来看，装配式技术、单元式幕墙等技术及相关产品是未来主流应用方向，因此，建议建筑师、幕墙设计师优先考虑此类技术与产品的设计应用，也能更好地保障设计可靠性与安全。此外，在构造设计中，由于存在电气系统的设计以及后续运维问题，需要一并统筹考虑；鉴于在建筑实际使用过程中的光伏幕墙运维便利性问题，相关构造措施应能保障从光伏幕墙户外一侧对其进行运维，且不应因运维工作而造成相关构造的破坏。

发电效能：在同等条件下，单纯从单位面积装机功率角度而言，晶硅类产品的装机功率是明显大于薄膜类产品的，但是否意味着晶硅类产品的发电能力一定高于薄膜类产品呢？这需要辅以其他条件综合评估。晶硅类产品的发电能力相较于薄膜类产品需要更强的日照条件，而薄膜类产品的弱光性优势非常突出，做个类比来形象地说明：晶硅类产品更像是短跑运动员，善于快跑和冲刺，而薄膜类产品更像马拉松长跑运动员，具有更好的耐力，更善于长时间奔跑。这就产生了一种现象，同等条件下，晶硅类产品在单位时间内发电能力会强于薄膜类产品，而薄膜类产品在每天的发电时长会强于晶硅类产品，此消彼长之后，孰优孰劣并非统一的答案。辅以朝向、倾角、色彩、纹理等因素综合考量，以笔者的项目经验来看，光伏幕墙应优先选择薄膜类产品。

节能：光伏幕墙行业的发展，其本质是响应绿色、低碳的理念，因此，在光伏幕墙选型设计中，理应将节能因素考虑于其中。光伏发电产品在发电过程中，会同时产生热，目前，大多数光伏幕墙的系统设计、构造设计并未有效解决通风散热问题，其中，部分热向室内辐射，增加了夏季空调负荷，不利于节能降耗；另外，过高的环境温度也不利于光伏发电产品的发电能力提升。目前，双层幕墙、装配式光电墙板等是能够响应节能需求的产品和系统，但成本相对较高，在项目投资成本许可的情况下，设计选型时可优先考虑此类产品。当然，建筑师在设计中还可以根据具体的应用环境需求，将光伏幕墙和其他材料、系统通过构造方式衔接起来，协同解决通风散热、遮阳等问题，以达到节能降耗的目标。

上述内容是建筑师、幕墙设计师需要在设计工作中重点考量的问题，当然，在光伏幕墙技术路线及产品选型方面，还有电气性能参数、安全电压、智能控制系统等因素，需要叠加考量，这是一个不断精进、完善的过程，在此不做逐一介绍。

在方案建构阶段，笔者给出了一些具体的方法和工具，帮助建筑师更加系统地思考光伏幕墙设计方案，更加合理、有效地解决方案构建过程中的矛盾和冲突；并将其有机地融入整体建筑方案创作之中，使光伏的元素演变为建筑内在的基因。本书第4章将给出一个实际案例全过程。

3. 方案深化与完善

经过前面的设计前期准备与分析，进行了方案建构，这时，已经基本形成了数个目标清晰、轮廓完整的方案。接下来，和建筑师传统的建筑设计方法相同，需要对方案进行深化与完善，当然，这一过程大部分需要重复使用方案建构阶段的方法与工具，不同之处在于认知的深度与精细化。

这一阶段需要再次思考、确认三个重要问题：

(1) 设计目标是否有调整变化？

(2) 相关需求是否有调整变化？

（3）对应解决方案的技术路线及产品选型来源是否稳定可靠？

经过这样一个渐进明晰的过程，方案的深化与完善就是有据可依、丰盈充实的了，一般情况下，可供最终比选决策的方案数量也会减至 2～3 个。

4. 方案比较与综合

经过方案深化与完善的阶段，接下来就需要对已形成的几个方案进行比较与综合了。具体方法与建筑师对传统的建筑设计方法相同，在此不做赘述。

这一阶段需要提醒注意的是：

（1）最终选定的方案是否与建筑整体设计方案浑然一体，是否产生了新的矛盾和冲突？

（2）最终选定的方案的经济性或者创造的价值，是否能够被项目投资者接受？

2.1.3 其他

光伏幕墙设计工作是渐进明晰的过程，总体思考顺序与传统建筑设计方式相同，即：规划设计→建筑群体设计→单体建筑设计→光伏幕墙设计→细部设计。

由于光伏基因的融入，作为建筑外表皮的光伏幕墙具有了电气设备的属性，因此，需要建筑师、幕墙设计师与相关电气设计师充分沟通、密切协作，方能更好地完成设计工作，这也是与传统幕墙设计工作最大的不同之处。

鉴于光伏幕墙设计的专业性、重要性，建议在方案设计及施工图设计中，将建筑光伏系统作为一个单独的篇章或子系统纳入整体设计之中，令光伏与建筑的融合更为科学、有序。

2.2

结构设计

2.2.1　设计要素

光伏幕墙与其他形式的光伏电站相比，结构要复杂得多，需要考虑的因素也要多得多。图2-2所示为典型的光伏幕墙构造形式。

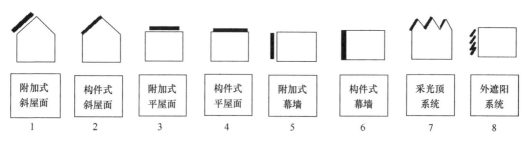

附加式斜屋面	构件式斜屋面	附加式平屋面	构件式平屋面	附加式幕墙	构件式幕墙	采光顶系统	外遮阳系统
1	2	3	4	5	6	7	8

图 2-2　典型的光伏幕墙构造形式

光伏幕墙不仅要考虑到建筑外立面效果、幕墙构造方式，同时还要考虑光伏电气系统的设计。光伏幕墙的本质还是建筑为主、光伏为辅，美学效果很大部分决定了建筑的成功与否。光伏要达到画龙点睛的效果，带来新的活力和创造力。下面总结光伏幕墙结构设计的设计要素。

1. 光伏幕墙的系统设计

不论是立面幕墙系统还是屋面系统，光伏幕墙常规分为两大类：透明幕墙系统和非透明幕墙系统。两者最主要的区别在于背后是否有墙体系统或屋面系统遮挡，如图2-3、图2-4所示。

在系统设计中，光伏组件的接线盒位置尤为重要，将直接影响光伏幕墙的整体系统构成、相关构造节点设计以及电气线缆的布置。光伏组件的接线盒位置分为背面布置方式和侧边布置方式两种（见图2-5），一般在透明幕墙设计中采用侧边接线盒，接线盒可以隐藏在板块与板块之间的间隙中；而在非透明幕墙设计中，通常选择背面接线盒，背后有墙体遮挡，不影响幕墙美观。

光伏幕墙的电气线缆宜隐藏在幕墙龙骨之间，设计应满足电气线缆走线的便利性、合理性以及易安装、易维护等原则。

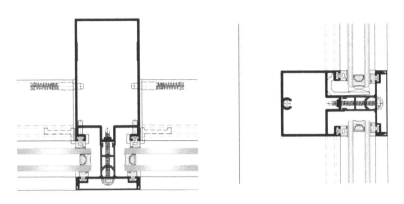

图 2-3　常规透明幕墙系统

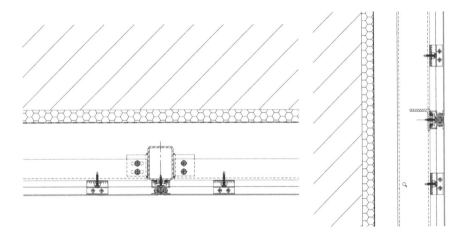

图 2-4　常规非透明幕墙系统

图 2-5　接线盒布置图

　　光伏组件与龙骨的连接，参照常规幕墙板块与龙骨的固定方式设计。由于光伏组件在发电过程中会同时发热，在密闭的高温环境下，对光伏组件的性能和寿命均有较大影响，因此，在进行系统设计时需充分考虑必要的散热措施。

2. 电气系统设计

关于电气系统设计，后续章节有详细介绍，在此，重点强调电气系统设计与光伏幕墙整体系统及构造设计相关的注意事项。

通常情况下，分布式光伏电站采用统一标准的光伏组件进行光伏阵列布置，但在建筑表皮上，由于建筑造型、艺术表现等因素，组件的排列不一定是整齐有序、规格统一的，可能是由一些大小、形状不一的几何图形组成，这样就会造成组件间的电压、电流不同。因此，造成了组件布局和界限错综复杂的情况，设计中应充分考虑这些因素，统筹协调、综合处理。

2.2.2　构件选型

1. 幕墙结构构件选型

常规幕墙所采用的结构构件主要有四大类：铝合金型材、碳素钢材、不锈钢材和玻璃。玻璃和不锈钢材料作为支撑结构的幕墙相对较少，主要分布在全玻幕墙和索网幕墙体系中，这两种类型的幕墙用于光伏系统非常少。市场上光伏幕墙主要是运用铝合金型材和碳素钢材制作的幕墙框架（也称幕墙龙骨），如图 2-6～图 2-9 所示。

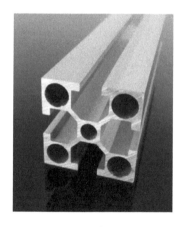
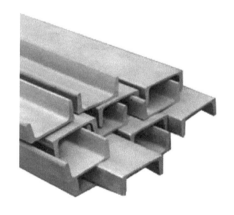

图 2-6　铝合金型材　　　　　　　　图 2-7　碳钢型材

铝合金型材是把铝合金棒进行挤压加工得到幕墙所需的型材。挤压成型的铝合金型材形状灵活多样，易于应用、便于设计，尤其有利于对电气线路的隐藏设计。

在幕墙工程中，除了运用常规钢材如槽钢、工字钢、方钢、角钢外，现在还大量使用中厚钢板、T 形钢、耐候钢等。钢型材成型有冷弯和焊接两种工艺，因加工工艺的不同，钢型材的形状单一。

简而言之：钢型材与铝型材相比，钢型材硬度高、耐温高、加工功用好，耐拉耐剪切应力大；铝型材硬度低、延展性好、抗腐蚀功用好、重量轻（见表 2-1）。因其各自的特征，通常铝合金型材用于透明幕墙的受力龙骨，而钢型材一般用于非透明幕墙的受力龙骨。

图 2-8　玻璃

图 2-9　不锈钢索

钢型材与铝型材性能对比　　　　　　　　表 2-1

性能	钢型材	铝型材
抗拉强度	215N/mm²	140N/mm²
抗腐蚀能力	易生锈	强
密度	78.5kN/m³	28kN/m³
弹性模量	2.06×10⁵ N/mm²	0.7×10⁵ N/mm²
美观度	表面略粗糙	表面精致

2. 光伏构件选型

光伏玻璃幕墙组件按材料主要可分为晶体硅和薄膜光伏组件两大类，其中晶体硅类分为单晶硅和多晶硅，薄膜类分为非晶硅薄膜、碲化镉薄膜、铜钢镓硒薄膜、钙钛矿薄膜等，如图 2-10～图 2-14 所示。

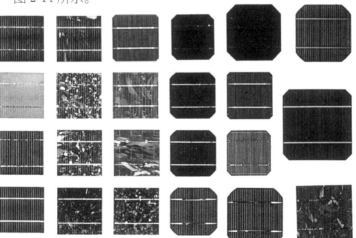

图 2-10　各种晶硅电池

图 2-11 非晶硅薄膜光伏组件

图 2-12 碲化镉薄膜光伏组件

图 2-13 铜铟镓硒光伏组件

图 2-14 钙钛矿薄膜光伏组件

　　光伏玻璃幕墙组件功率参见表 2-2。光伏幕墙由于功能性的要求需要考虑一定透光性，晶硅组件通过调整电池片间距达到透光效果，实质上是半透光或局部透光的方式呈现透光效果；薄膜组件通过发电膜层刻蚀达到透光效果，所呈现的透光效果与晶硅组件有着显著的差异，如图 2-15～图 2-20 所示。

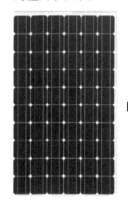

图 2-15 晶硅不透光

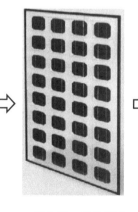

图 2-16 晶硅透光

图 2-17 晶硅光伏幕墙效果

图 2-18　薄膜不透光　　　图 2-19　薄膜透光　　　　图 2-20　薄膜光伏幕墙效果

光伏玻璃幕墙组件功率随着发电膜层（电池片）占比减少，功率相应同比例降低。

光伏玻璃幕墙组件功率参考表　　　　　　　　　　表 2-2

光伏玻璃幕墙组件	每平方米功率（W/m²）	光伏玻璃幕墙组件	每平方米功率（W/m²）
单晶硅	180～200	碲化镉薄膜	140～190
多晶硅	160～180	铜铟镓硒薄膜	130～160
非晶硅薄膜	80～100	钙钛矿薄膜	140～190

光伏幕墙所应用的光伏组件，受生产工艺的制约，其尺寸有一定的局限性。出于光伏幕墙外观及建设成本考虑，建筑设计使用光伏玻璃时，光伏幕墙的分格需充分考虑光伏玻璃尺寸以及定制的可行性。

如碲化镉薄膜组件，通常标准化产品尺寸为 1200mm×600mm，一般幕墙玻璃尺寸均大于此标准尺寸，需要几块标准发电玻璃尺寸拼接。若幕墙玻璃尺寸宽度≤1200mm，只要 600mm 方向拼接即可，整块玻璃只有一个方向有拼接缝；若宽度>1200mm，另一个方向也需要拼接，这样整块玻璃两个方向均有拼接缝，同时导致内部电气系统复杂化，也会影响光伏幕墙的美观性。

光伏玻璃幕墙组件根据使用功能、安装高度等要求，采用双玻夹胶、三玻夹胶、单中空夹胶（Low-E）、双中空夹胶（Low-E）等结构，玻璃厚度满足建筑幕墙要求。

晶硅类光伏幕墙玻璃典型结构如图 2-21、图 2-22 所示。薄膜类光伏幕墙玻璃典型结构如图 2-23～图 2-25 所示。

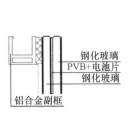
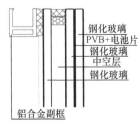

图 2-21　双玻夹胶　　　图 2-22　中空夹胶

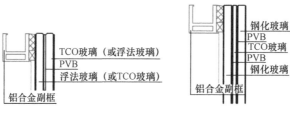

图 2-23 双玻夹胶   图 2-24 三玻夹胶

　　光伏玻璃幕墙组件可采用明框式、隐框式、半隐框式或点支式安装。当光伏幕墙构件用于明框幕墙时，考虑到明框装饰条会遮盖住部分太阳能电池（见图 2-26），影响其发电效率并存在电气安全隐患，因此明框遮盖区域不应留有光伏发电材料。当然，这种情况会使太阳能电池面积发生变化，计算发电量时需注意此种光伏玻璃幕墙组件的标称功率和转换效率。

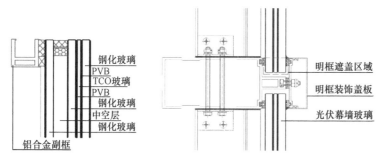

图 2-25 中空夹胶   图 2-26 明框遮盖区域

　　光伏组件接线盒位置对于光伏幕墙的视觉效果呈现以及整体系统构造节点产生显著影响，设计师应予以高度关注。侧边接线盒如图 2-27、图 2-28 所示。

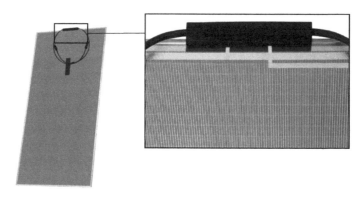

图 2-27 侧边接线盒

　　光伏组件选型，应基于技术、功能、艺术表现、经济性等多维度、多因素统筹考虑，综合选择最为适合具体应用场景的光伏组件产品。

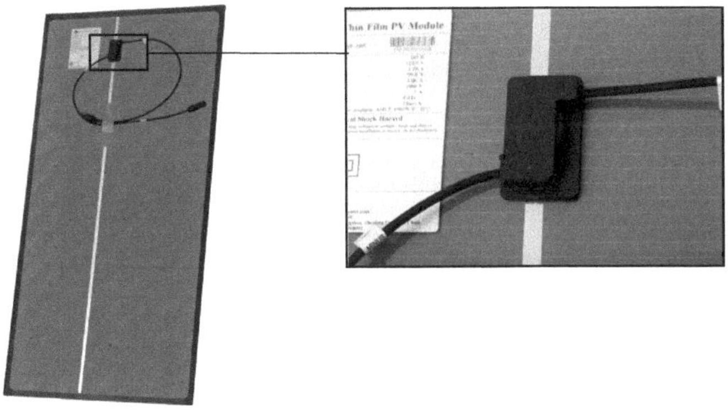

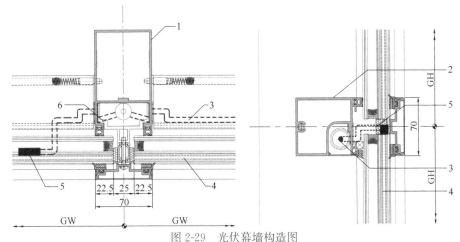

图 2-28 背面接线盒

2.2.3 节点构造设计

光伏幕墙通常有以下几种类型：

(1) 构造式光伏幕墙系统；

(2) 构造式屋面系统（第五立面）；

(3) 光伏采光顶；

(4) 附加式光伏幕墙系统；

(5) 附加式屋面（第五立面）。

其中附加式屋面系统有别于传统的分布式光伏电站，它不仅要考虑光伏发电的功能，还要考虑到建筑效果的统一性，是发电功能和建筑美感的组合体。

1. 构造式光伏幕墙系统

构件式光伏幕墙系统指立面上既具有建筑围护结构的功能性幕墙特点，又具有光伏发电的功能，两者结合起来的幕墙系统，其构造如图 2-29 所示。

图 2-29 光伏幕墙构造图

（莱尔斯特专利光伏幕墙系统）

1—铝合金立柱；2—铝合金横梁；3—电缆线；4—光伏玻璃；5—接线盒；6—铝合金连接件@300

构件式光伏幕墙设计要点：

（1）光伏幕墙立柱截面主要受力部位的厚度应符合《玻璃幕墙工程技术规范》JGJ 102—2003 第 6.3.1 条的规定。

（2）横梁截面主要受力部位的厚度应符合《玻璃幕墙工程技术规范》JGJ 102—2003 第 6.2.1 条的规定。

（3）立柱与横梁系统设计中考虑光伏线路走向，留出布线空间。

（4）光伏板接线头从横梁（或立柱）上开孔布线的，孔径需考虑接线头的直径能顺利通过。

（5）若遇到隐框或半隐框幕墙系统，光伏板侧面接线盒宜避开耐候胶。

2. 构造式光伏屋面系统（第五立面）

构造式光伏屋面指屋面既是满足建筑功能的屋面系统，又是光伏组件，属于一种集成式屋面系统；其构造如图 2-30 所示。

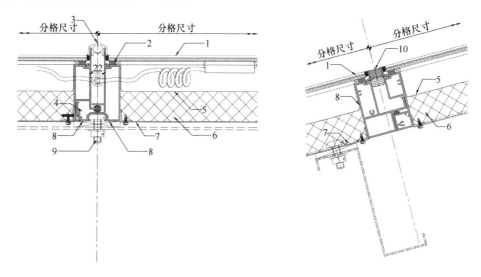

图 2-30　一体化光伏屋面构造图

（莱尔斯特专利光伏屋面系统）

1—光伏组件；2—硅酮结构胶；3—防水胶条；4—水槽；5—防水透气膜；6—保温岩棉；

7—镀锌钢网；8—铝合金受力龙骨；9—T 形螺栓；10—耐候密封胶

构造式光伏屋面系统设计要点：

（1）金属屋面系统应符合《屋面工程技术规范》GB 50345—2012 第 4.9 条的规定。

（2）光伏屋面铝合金型材截面及钢龙骨截面主要受力部位的厚度应符合《采光顶与金属屋面技术规程》JGJ 255—2012 第 6.6 节的规定。

（3）屋面光伏组件的接线盒宜选择背部接线盒，并同时考虑逆变器的空间设计。

3. 光伏采光顶系统

光伏采光顶系统指具有光伏功能的采光顶系统，其构造如图 2-31 所示。

光伏采光顶系统设计要点：

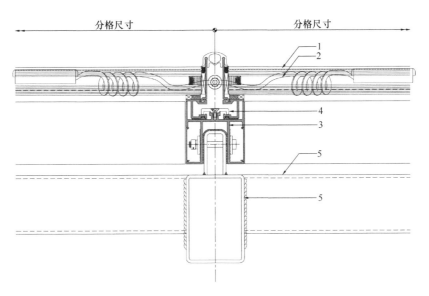

图 2-31　光伏采光顶构造图

（莱尔斯特专利光伏采光顶系统）

1—光伏玻璃；2—光伏电缆；3—铝合金龙骨；4—铝合金压板；5—钢龙骨

（1）采光顶系统应符合《屋面工程技术规范》GB 50345—2012 第 4.10 条的规定。

（2）光伏采光顶铝合金型材截面及钢龙骨截面主要受力部位的厚度应符合《采光顶与金属屋面技术规程》JGJ 255—2012 第 6.6 节的规定。

（3）采光顶光伏组件的接线盒宜选择侧边接线盒，并同时考虑逆变器的空间设计。

4. 附加式光伏幕墙系统（外遮阳光伏系统）

附加式光伏幕墙系统指立面上原有幕墙外侧增加一套光伏系统，建筑围护结构的幕墙系统与附加光伏系统为分离开的两层幕墙体系，其构造如图 2-32 所示。

附加式光伏幕墙系统设计要点：

附加式光伏幕墙系统或外遮光伏系统，荷载取值符合《建筑遮阳工程技术规范》JGJ 237—2011 第 5.2 节的规定。

5. 附加式光伏屋面系统（第五立面）

附加式光伏屋面节点系统指在原有屋面的基础上，增加一层光伏板的构造形式；其构造如图 2-33 所示。屋面有混凝土屋面和金属屋面两种，混凝土屋面上增加的光伏支架系统，属于光伏电站体系，在此不展开说明。在金属屋面基础上增加光伏板，通常属于幕墙设计的范畴。在此介绍金属屋面上附加式屋面节点构造设计。

附加式光伏屋面系统设计要点：

（1）金属屋面系统应符合《屋面工程技术规范》GB 50345—2012 第 4.9 节的规定。

（2）光伏屋面铝合金型材截面及钢龙骨截面主要受力部位的厚度应符合《采光顶与金属屋面技术规程》JGJ 255—2012 第 6.6 节的规定。

（3）屋面光伏组件的接线盒宜选择背部接线盒，并同时考虑逆变器的空间设计。

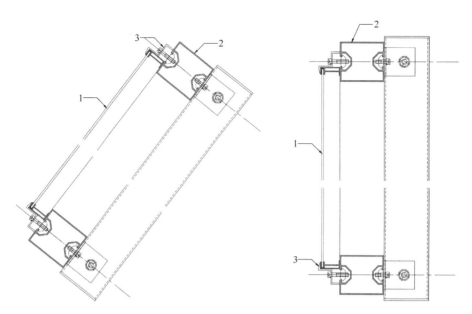

图 2-32　外遮阳光伏系统构造图

（莱尔斯特专利光伏支架系统）

1—光伏组件；2—铝合金龙骨；3—铝合金压板

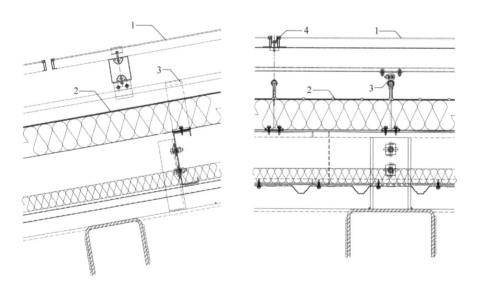

图 2-33　附加式光伏屋面构造图

1—光伏组件；2—直立锁边金属屋面；3—铝合金连接组件@300；4—铝合金扣件

2.2.4　构造设计工程案例

光伏幕墙构造设计案例如图 2-34、图 2-35 所示。

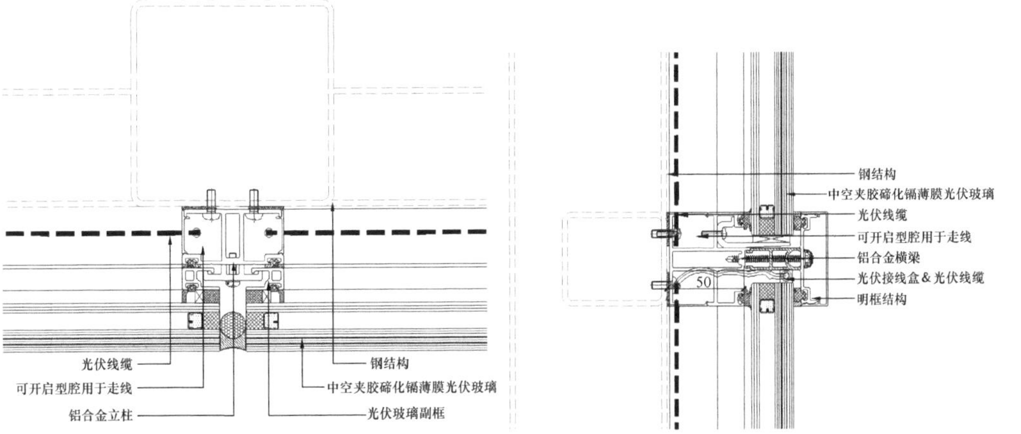

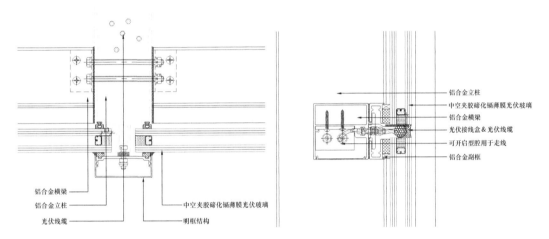

图 2-34　浙江嘉兴某项目光伏幕墙结构图

图 2-35　浙江湖州某项目光伏幕墙结构图

2.3

电气设计

光伏幕墙电气设计原则：

（1）光伏幕墙系统按照就近分散接入、就地平衡消纳的原则进行设计。单个并网点参考装机容量不大于 400kW，采用三相接入；装机容量在 8kW 及以下，可采用单相接入。低压并网多个并网点累计容量不大于 400kW。

（2）并网点应安装易操作，具有明显开断指示、具备开断故障电流能力的低压并网专用开关，专用开关应具备失压跳闸及检有压合闸功能，失压跳闸定值宜整定为 20％UN、10s，检有压定值宜整定为大于 85％UN。

（3）逆变器应符合国家、行业相关技术标准，具备高/低电压闭锁、检有压自动并网功能（检有压 85％UN 自动并网）。

（4）分布式电源接入低压总开关，要求在配变低压母线处装设反孤岛装置；低压总开关应与反孤岛装置间具备操作闭锁功能，母线间有联络时，联络开关也应与反孤岛装置间具备操作闭锁功能。

（5）分布式电源接入 380V 电网时，宜采用三相逆变器；分布式电源接入 220V 配电网前，应校核同一台区单相接入总容量，防止三相功率不平衡情况。

（6）分布式电源功率因数应在 0.95（超前）～0.95（滞后）范围内可调。

2.3.1　设计要素

光伏幕墙的电气系统一般由光伏组件方阵、直流汇流箱、逆变器、交流配电柜、布线系统和监测系统等设备组成。

电气设计主要解决以下问题：

（1）合理布置光伏组件，进行科学的串并联设计，保证线路规整、隐蔽；

（2）合理进行电气设备选型，在满足安全、功能需求的前提下，进行经济性控制；

（3）根据并网接入要求，确定适当的并网形式、并网电压等级，并按电网要求配置相关电气保护及功能。

2.3.2　设备选型

直流汇流箱依据形式、绝缘水平、电压、温升、防护等级、输入输出回路数、输入输出额定电流等技术条件进行选择。直流汇流选型主要根据输入回路选择，汇流箱回路常规为 2 路、4 路、6 路、8 路、10 路、12 路、16 路、18 路、20 路、22 路、24 路等（见图 2-36）。汇流箱内部结构较为简单，主要元器件包括熔断器、防反二极管、监控模块、电流模块、浪涌保护器、断路器、汇流铜排等，具体配置选择可参考以下要求：

（1）设置防雷保护装置。

（2）汇流箱的输入回路建议具有防逆流及过流保护；对于多级汇流光伏发电系统，如果前级已有防逆流保护，则后级可不做防逆流保护。

（3）安装位置便于操作和检修，选择室内干燥的场所；设置在室外时，设备具有防水、防腐、防日照措施，且其外壳防护等级不应低于 IP54。

（4）汇流箱的输出回路建议具有隔离保护措施。

（5）建议设置监测装置。

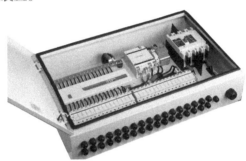

图 2-36　直流汇流箱

逆变器的配置应符合下列规定：

（1）并网逆变器的总额定功率应根据光伏玻璃幕墙组件的安装容量确定，逆变器选型较为多样，表 2-3 为国内某逆变器生产商的部分逆变器型号。

某逆变器型号		表 2-3
单相 220V	0.7kW	5kW
	1kW	6kW
	1.5kW	8kW
	2kW	9kW
	2.5kW	10kW
	3kW	12kW
	3.6kW	13kW
	4kW	15kW
	4.6kW	17kW
	5kW	20kW
	6kW	23kW
	7kW	25kW
	8kW	30kW
	9kW	33kW
	10kW	36kW
		40kW
三相 380V		50kW
		60kW
		80kW
		100kW
		110kW

图 2-37   并网逆变器

（2）逆变器的功率与台数应根据光伏幕墙方阵分布情况和光伏幕墙方阵额定功率等确定，并应合理选择逆变器的功率和台数。

（3）逆变器允许的最大直流输入电压和功率不应小于其对应的光伏幕墙方阵的最大电压和额定功率。

（4）用于并网光伏发电系统的逆变器性能应符合接入公用电网相关技术要求的规定，并具有有功功率和无功功率连续可调功能。用于大、中型光伏发光伏幕墙的逆变器还应具有低电压穿越功能（见图 2-37）。

2.3.3   电气系统设计

1. 光伏组件串并联及直流布线设计

光伏玻璃幕墙组件的串联数应符合现行国家标准《光伏发电站设计规范》GB 50797 的有关规定，具体按下列公式计算：

$$N \leqslant \frac{V_{\text{dcmax}}}{V_{\text{oc}} \times [1 + (t - 25) \times K_{\text{v}}]}$$

$$\frac{V_{\text{mpptmin}}}{V_{\text{pm}} \times [1 + (t' - 25) \times K'_{\text{v}}]} \leqslant N \leqslant \tag{2-1}$$

$$\frac{V_{\text{mpptmax}}}{V_{\text{pm}} \times [1 \times (t - 25) \times K'_{\text{v}}]}$$

式中 K_{v}——光伏组件的开路电压温度系数；

K'_{v}——光伏组件的工作电压温度系数；

N——光伏组件的串联数（N 取整）；

t——光伏组件工作条件下的极限低温，℃；

t'——光伏组件工作条件下的极限高温，℃；

V_{dcmax}——逆变器允许的最大直流输入电压，V；

V_{mpptmax}——逆变器 MPPT 电压最大值，V；

V_{mpptmin}——逆变器 MPPT 电压最小值，V；

V_{oc}——光伏组件的开路电压，V；

V_{pm}——光伏组件的工作电压，V。

光伏组件的串联数主要由逆变器直流侧电压和组件电压确定，一般逆变器直流最大输入电压分三种：单相逆变器 DC600V、三相逆变器 DC1000V 及三相逆变器 DC1500V。光伏组件的电压也不一致，比如晶硅组件开路电压范围一般为 30～50V，薄膜组件并路电压范围一般为 80～150V，所以会导致组件串联数量差异很大。例如：同样的系统，组件 1 只能最多 4

块组件1串，而组件2可以最多20块组件1串。具体需要根据上述公式计算得出。

根据以上公式，选取一种组件及一种逆变器进行组串数计算（假设项目地极高温度为40℃，极低温度为−5℃），光伏组件和逆变器参数如图2-38、图2-39所示。

1. 典型电性能参数/Typical Electrical Characteristics	
典型型号	ZDNY-315C60
最大输出功率/Max-Power Pm(W)	315
功率公差 (%)	0~3%
最佳工作电压 (V)	34.05
最佳工作电流 (A)	9.25
开路电压 (V)	41.54
短路电流 (A)	9.66
组件效率 (η_m)	19.36%
电池片尺寸 (mm)	156.75×156.75
电池片和连接方式	单晶60片
最大串联保险丝	10A
功率温度系数 P_m	−0.40%/℃
开路电压温度系数 V_{oc}	−0.30%/℃
短路电流温度系数 I_{sc}	+0.06%/℃
电池片额定工作温度	47±2℃
测试条件	STC:AM=1.5, 1000W/m², 25℃
最大系统电压	600V/1000V
工作温度	−40~+85℃

图 2-38　晶硅组件 315W

产品型号	GCI-3P8K-5G
直流输入	
最大允许输入功率	9.6kW
最大输入电压	1000V
额定输入电压	600V
启动电压	180V
MPPT电压范围	160~850V
最大输入电流	12.5A/12.5A
最大输入短路电流	17.2A/17.2A
MPPT数量/最大输入组串数	2/2
交流输出	
额定输出功率	8kW
最大视在功率	8.8kVA
最大有功功率	8.8kW
额定电网电压	3/N/PE, 220/380V
额定电网频率	50Hz
额定电网输出电流	12.2A
最大输出电流	13.4A

图 2-39　逆变器 8kW

(1) $N \leqslant \dfrac{1000\text{V}}{41.54\text{V} \times [1 + (-5 - 25) \times (-0.30/100)]} = 22.1$

(2) $\dfrac{160\text{V}}{34.05\text{V} \times [1 + (40 - 25) \times (-0.30/100)]} \leqslant N$

$\leqslant \dfrac{850\text{V}}{34.05\text{V} \times [1 + (-5 - 25) \times (-0.30/100)]}$

$4.9 \leqslant N \leqslant 22.9$

结合（1）和（2），此系统光伏组件串数可以为 5~22 中的任何数，对于一个系统光伏组串数可调性较大，可以根据光伏幕墙的布置，选择合适的组串数。

光伏组串的并联数，根据光伏组串的电流和逆变器组串最大输入电流确定。还是以上述光伏组件和逆变器为例，光伏组件工作电流为 9.25A，串联后电流仍为 9.25A，逆变器单组串最大输入电流为 12.5A。如光伏组件 2 个串并联后电流为 18.5A，已超逆变器单组串最大输入电流，因此光伏组件仅能 1 个组串输入逆变器。假设另一种组件，串联后组串电流为 1.0A，那此种组件可最大 10 个串并联后输入逆变器。

接入逆变器的光伏幕墙方阵或光伏组串一般是相同的规格和朝向，不同朝向、不同规格的光伏幕墙方阵或光伏组串应接入不同逆变器或逆变器的不同 MPPT 输入回路。

为了适应幕墙造型的需要，在实际中会使用到异形光伏玻璃幕墙组件。光伏玻璃幕墙组件的不规则尺寸会导致不同的电性能参数，影响发电效率。电气设计前应与光伏玻璃幕墙组件生产企业协商设计电路，或采用个别不发电的光伏幕墙构件，设计时需满足电路串并联原则，最大化利用光伏玻璃幕墙组件。

光伏幕墙布线系统建议遵循以下原则（见表 2-4）：

（1）遵循安全、隐蔽、集中布置原则，建筑外观应整齐，应易于安装维护。

（2）能承受预期的外部环境影响，并避免电缆遭受机械外力、过热、腐蚀等危害。

（3）在满足安全条件的前提下尽量保证电缆路径最短。

（4）直流电缆尽量避开在光伏玻璃幕墙组件间的胶缝内布线。

（5）直流电缆建议通过幕墙横梁、立柱或副框的开口型腔布线，型腔应通过扣盖扣接密封。

（6）直流电缆也可通过固定在幕墙支承结构上的金属槽盒、金属导管布线。

（7）金属槽盒、金属导管以及幕墙横梁、立柱、副框的布线型腔内光伏电缆的截面利用率不宜超过 40%。

（8）金属槽盒和金属导管的连接处，不得设在穿楼板或墙壁等孔处。

（9）幕墙横梁、立柱以及金属槽盒的电缆引出孔应采用机械加工开孔方法并进行去毛刺处理，管孔端口应采取防止电缆损伤的措施。

（10）光伏玻璃幕墙组件接线盒的位置由光伏玻璃幕墙组件的安装方式确定，点支式、隐框式幕墙建议采用背面接线盒，明框式、半隐框式幕墙建议采用侧边接线盒。

（11）新建建筑应预留光伏幕墙系统的电缆通道，并与建筑本身的电缆通道综合设计。既有建筑增设光伏幕墙系统时，光伏幕墙系统电缆通道应满足建筑结构和电气安全，梯架、托盘及槽盒等电缆通道建议单独设置。

光伏幕墙布线系统建议遵循原则　　　　　　　　　　　表 2-4

		明框幕墙	半隐框幕墙	隐框幕墙	点支承幕墙	透明幕墙	非透明幕墙
接线盒位置	背面	✓	✓	✓	✓		✓
	侧边	✓	✓			✓	✓
接线部位	室内	✓	✓	✓	✓		
	室外	✓					✓
布线形式	支承腔体	✓	✓	✓		✓	
	金属线槽				✓	✓	

2. 并网接入设计

（1）光伏幕墙系统并网接入设计符合下列规定：

1）光伏幕墙系统可选择"全额上网"或"自发自用、余电上网"的并网模式，根据接入容量、接入电压等级、接入方式等确定接入系统方案。

2）光伏幕墙系统接入电压等级宜按照：三相输出接入 380V 电压等级电网，且在同一位置三相同时接入电网；单相输出接入 220V 电压等级电网。

3）并网点的确定原则为光伏电源并入电网后能有效输送电力并且能确保电网的安全

稳定运行。

4）光伏幕墙系统接入系统方案应明确用户隔离闸刀、并网开关、并网点等位置，并对接入光伏幕墙光伏的配电线路载流量、配变容量进行校核。

（2）电压等级确定

1）光伏接入的电压等级应按照安全性、灵活性、经济性的原则，根据光伏幕墙光伏装机容量、发电特性、导线载流量、上级变压器及线路可接纳能力、用户所在地区配电网情况，经过综合比选后确定。光伏幕墙光伏电源接入电压等级可参考表 2-5。

光伏幕墙系统接入电压等级推荐表　　　　　　　　　表 2-5

单个并网点容量	并网电压等级
8kWp 及以下	220V
8kWp 以上	推荐 380V（或 10kV 及以上）

注：最终并网电压等级应根据电网条件，通过技术经济比选论证确定。

2）当采用 220V 单相接入时，根据配电管理规定和三相不平衡测算结果确定接入容量。一般情况下最大接入容量不应超过 8kWp。

3）并网点容量在 8kWp 以上推荐采用 380V 接入。

（3）并网点选择

1）光伏幕墙系统一般采用发电计量箱（柜）作为并网点。

2）光伏幕墙系统多路输出的发电电源应汇流后单点接入并网点。

（4）接入方式选择

1）光伏幕墙系统应按用户所处环境、并网容量等确定接入系统方式，推荐两种接入方式（见表 2-6），接线图见本书附录 A。

光伏幕墙系统接入系统方式分类表　　　　　　　　　表 2-6

方案编号	接入电压	并网模式	接入点	送出回路	并网点参考容量
F-1	220V/380V	全额上网（接入公共电网侧）	公共低压分支箱/公用低压线路	1	≤30kWp，8kWp 及以下可单相接入
F—2	220V/380V	自发自用，余电上网（接入用户侧）	用户计量箱（柜）表计负荷侧	1	≤30kWp，8kWp 及以下可单相接入

2）根据"全额上网""自发自用，余电上网"两种并网模式。全额上网模式应直接接入公共电网低压分支箱或公用低压线路，自发自用、余电上网模式应接入用户计量箱（柜）表计负荷侧。

3）自发自用、余电上网模式接入用户计量箱（柜）表计负荷侧的位置选择应在原用户剩余电流保护装置的电源侧。

（5）光伏幕墙系统接入技术要求

1）接有光伏发电系统的配电台区，不得与其他台区建立低压联络（配电室、箱式变低压母线间联络除外)。

2) 220V 光伏发电接入低压电网时,应校核同一台区每相接入的光伏发电总容量,防止出现三相功率不平衡问题。

3) 在采取相应技术措施满足供电安全的条件下,同一配变台区的并网光伏发电系统总容量不应超过配变的额定容量,接入单条配电线路的容量不应超过该导线的输送能力。

(6) 电能质量

1) 谐波

光伏发电系统接入电网后,公共连接点的谐波电压应满足《电能质量 公用电网谐波》GB/T 14549—1993 的规定,允许值见表 2-7。

注入公共连接点的谐波电流允许值   表 2-7

标准电压 (kV)	基准短路容量 (MVA)	谐波次数及谐波电流允许值(A)											
		2	3	4	5	6	7	8	9	10	11	12	13
0.38	10	78	62	39	62	26	44	19	21	16	28	13	24
标准电压 (kV)	基准短路容量 (MVA)	谐波次数及谐波电流允许值(A)											
		14	15	15	17	18	19	20	21	22	23	24	25
0.38	10	11	12	9.7	18	8.6	16	7.8	8.9	7.1	14	6.5	12

2) 电压偏差

光伏发电系统接入电网后,公共连接点的电压偏差应满足《电能质量 供电电压偏差》GB/T 12325—2008 的规定。380V 三相公共连接点电压偏差不超过标称电压的 ±7%;220V 单相公共连接点电压偏差不超过标称电压的 +7%、−10%。

3) 电压波动

光伏发电系统接入电网后,公共连接点的电压波动应满足《电能质量 电压波动和闪变》GB/T 12326—2008 的规定。输出为正弦波,电压波形失真度不超过 5%。

4) 电压不平衡度

光伏发电系统并网后,所接公共连接点的三相电压不平衡度应不超过《电能质量 三相电压不平衡》GB/T 15543—2008 规定的限制,公共连接点的三相电压不平衡度不应超过 2%,短时不超过 4%;其中由光伏电源引起的公共连接点三相电压不平衡度不应超过 1.3%,短时不超过 2.6%。

5) 直流分量

光伏发电系统向公共连接点注入的直流电流分量不应超过其交流额定值的 0.5%。

(7) 安全与保护

1) 光伏发电系统并网点的短路电流与光伏电源额定电流之比不宜低于 10。光伏发电系统在并网点应安装易操作、具有明显开断指示、具备开断故障电流能力的断路器。

2) 光伏发电系统接入电网时,在并网点和公共连接点应设置明显断开点。

3）光伏系统与电网应设置短路保护，当电网短路时，逆变器的过电流应不大于额定电流的 150％，并在 0.1s 以内将光伏系统与电网断开。

4）光伏发电系统在并网点应安装低压并网专用开关，专用开关应具备失压跳闸及检有压合闸功能，失压跳闸定值宜整定为 20％ UN、10s，检有压定值宜整定为大于 85％UN。

5）光伏发电系统应在并网点设置自带保护脱离功能的防雷保护装置，并具备当防雷装置接地短路故障后能立即脱离电网、发电系统的功能；并网设备和发电系统金属外壳应实行保护接地；防雷及接地应满足现行国家标准《建筑物防雷设计规范》GB 50057 和《交流电气装置的接地设计规范》GB 50065 的要求，接地电阻不大于 10Ω。

6）光伏发电系统必须具备快速检测孤岛且检测到孤岛后立即断开与电网连接的能力，其防孤岛保护方案应与继电保护配置等相配合。

7）同一配变台区的并网光伏容量超过额定容量的 25％后，配变低压侧刀熔总开关应改造为低压总开关，并在配变低压母线处装设反孤岛装置（见本书附录B）；低压总开关应与反孤岛装置间具备操作闭锁功能，如母线间有联络时，联络开关也与反孤岛装置间具备操作闭锁功能。台区内光伏发电系统并网容量超过 15％时，宜提前安排进行上述改造。

8）接入电网的光伏电源在并网点处电网电压、频率异常时，光伏逆变器的响应要求如表 2-8（三相 380V）、表 2-9（单相 220V）所示。

光伏逆变器在电网电压异常时的响应要求（380V）　　表 2-8

并网点电压	最大分闸时间
$U<190$	0.2s
$190\leqslant U<323$	2.0s
$323\leqslant U\leqslant418$	连续运行
$418<U<513$	2.0s
$513\leqslant U$	0.2s

注：最大分闸时间是指异常状态发生到逆变器停止向电网送到的时间。

光伏逆变器在电网电压异常时的响应要求（220V）　　表 2-9

并网点电压	最大分闸时间
$U<187$	0.1s
$187\leqslant U\leqslant242$	连续运行
$242<U$	0.1s

注：最大分闸时间是指异常状态发生到逆变器停止向电网送到的时间。

9）接入电网的光伏电源并网点处频率异常时，逆变器的响应要求如表 2-10 所示。

光伏在电网频率异常时的相应要求   表 2-10

频率范围	运行要求
低于 49.5Hz	在 0.2s 内停止向电网送电，且不允许停运状态下的光伏幕墙并网
49.5～50.2Hz	连续运行
高于 50.2Hz	在 0.2s 内停止向电网送电，且不允许停运状态下的光伏幕墙并网

10）光伏并网的公共连接点、发电计量箱和用户计量箱等位置应设置电源接入安全标识。安全标识应采用提示性文字和符号。标识的形状、颜色、尺寸和高度应符合现行国家标准《安全标志及其使用导则》GB 2894 的相关要求（见本书附录 C）。

（8）功率因数

光伏发电系统安装的并网逆变器应满足额定有功出力下功率因数在超前 0.95～滞后 0.95 范围内动态可调。并网的光伏幕墙光伏发电系统应保证并网处功率因数在 0.95 以上。

（9）电能计量

1）光伏发电系统接入电网前，应明确上、下网电量和发电量计量点。计量点装设的电能计量装置配置和技术要求应符合现行行业标准《电能计量装置技术管理规程》DL/T 448 的相关要求。

2）全额上网模式计量点设置要求：在产权分界点合并设置用户用电计量点和发电计量点，配置双方向电能表，用于用户与电网间的上、下网电量和光伏发电量的分别计量（上网电量即为发电量）。

3）自发自用、余电上网模式计量点设置要求：在产权分界点设置用户用电计量点，配置双方向电能表，用于用户与电网间上、下网电量的分别计量；在并网点设置发电计量点，配置单方向电能表，用于光伏发电量的计量。

（10）通信与信息

接入 220/380V 电压等级的光伏电源应具备实时上传电能量信息的能力。条件具备时，光伏发电系统应预留上传及控制并网点开关状态能力。暂时仅需上传电流、电压、功率和发电量信息。

3. 防雷接地设计

光伏幕墙系统的防雷设计应作为建筑电气防雷设计的一部分，其防雷等级应与建筑物的防雷等级一致。防雷设计应符合现行国家标准《建筑物防雷设计规范》GB 50057 的规定。

新建建筑光伏幕墙系统的防雷和接地应与建筑物的防雷和接地系统统一设计。既有建筑增设光伏玻璃幕墙时，应对建筑物原有防雷和接地设计进行验证，不满足设计要求时应进行改造。

（1）光伏幕墙系统应装设过电压保护，并应符合下列规定：

1）光伏汇流箱输出端，包括正极对地、负极对地和正负极之间应安装直流电涌保护器；

2）光伏汇流箱与逆变器之间的直流电缆长度大于50m时，应在直流配电柜的输出端或逆变器的直流输入端安装第二级直流电涌保护器；电缆安装在金属槽盒或金属导管中或采用金属铠装电缆时，可不安装第二级直流电涌保护器；

3）直流电涌保护器的有效保护水平应低于被保护设备的耐冲击电压额定值；

4）直流电涌保护器最大持续工作电压应大于光伏组串标准测试条件下开路电压的1.2倍。

（2）光伏幕墙系统的接地设计应符合现行行业标准《民用建筑电气设计标准》GB 51348—2019的规定，并应符合下列规定：

1）光伏玻璃幕墙组件的金属边框应通过光伏玻璃幕墙的金属框架与主体结构的接地多点可靠连接，连接部位应清除非导电保护层；

2）移除任一光伏玻璃幕墙组件时，应保证接地的连续性；

3）光伏幕墙系统的防雷接地与工作接地、安全保护接地共用一组接地装置时，接地装置的接地电阻值应按接入设备中要求的最小值确定；

4）同一并网点有多台逆变器时，应将所有逆变器的保护接地导体接至同一接地母排上；

5）光伏幕墙系统的交流配电接地形式应与建筑配电系统接地形式相一致。

2.3.4 电气系统设计案例

以浙江省两个光伏幕墙项目为例，其电气设计图如图2-40～图2-44所示。

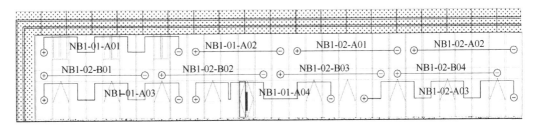

图 2-40 浙江湖州某项目光伏幕墙电气图光伏组串接线图

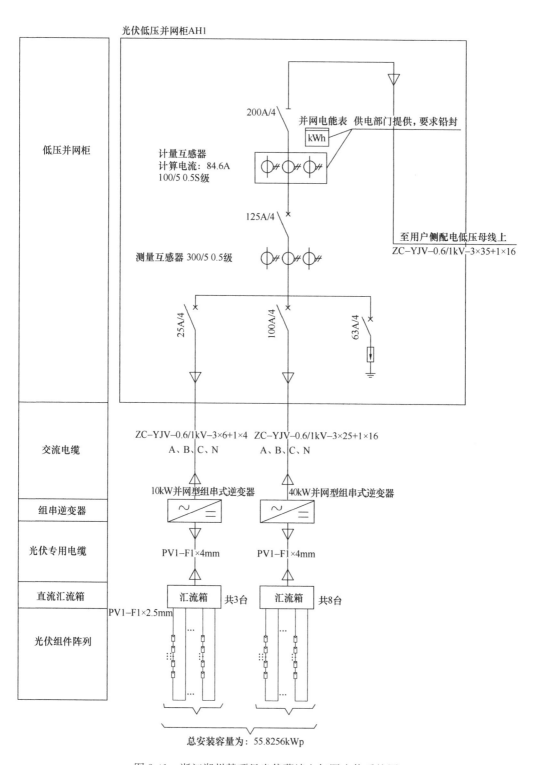

图 2-41 浙江湖州某项目光伏幕墙电气图光伏系统图

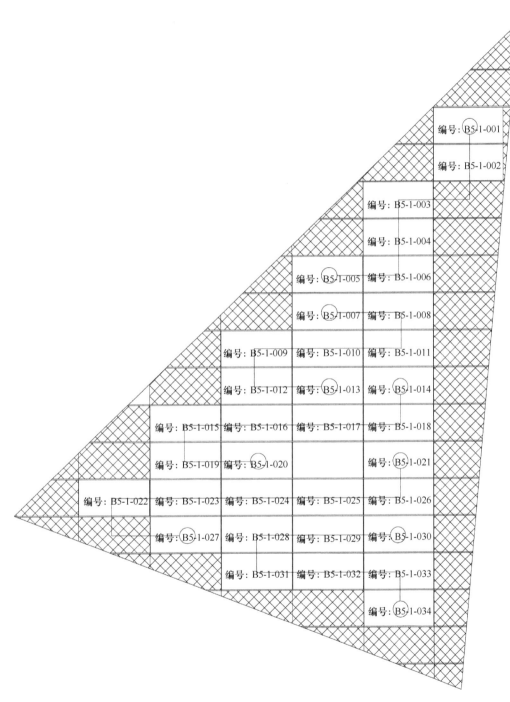

图 2-42 浙江嘉兴某项目光伏幕墙电气光伏组串接线图

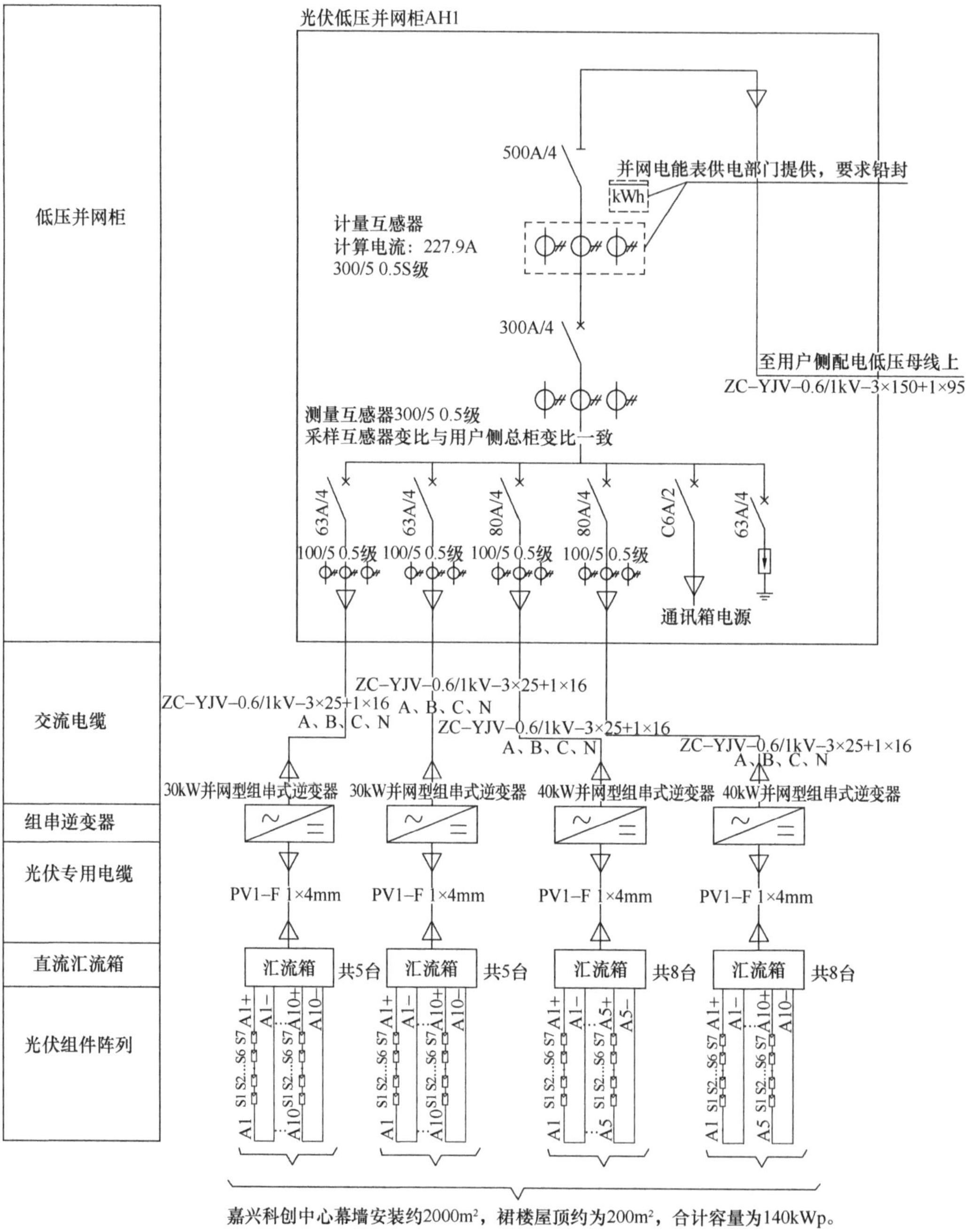

图 2-43   浙江嘉兴某项目光伏幕墙电气光伏系统图

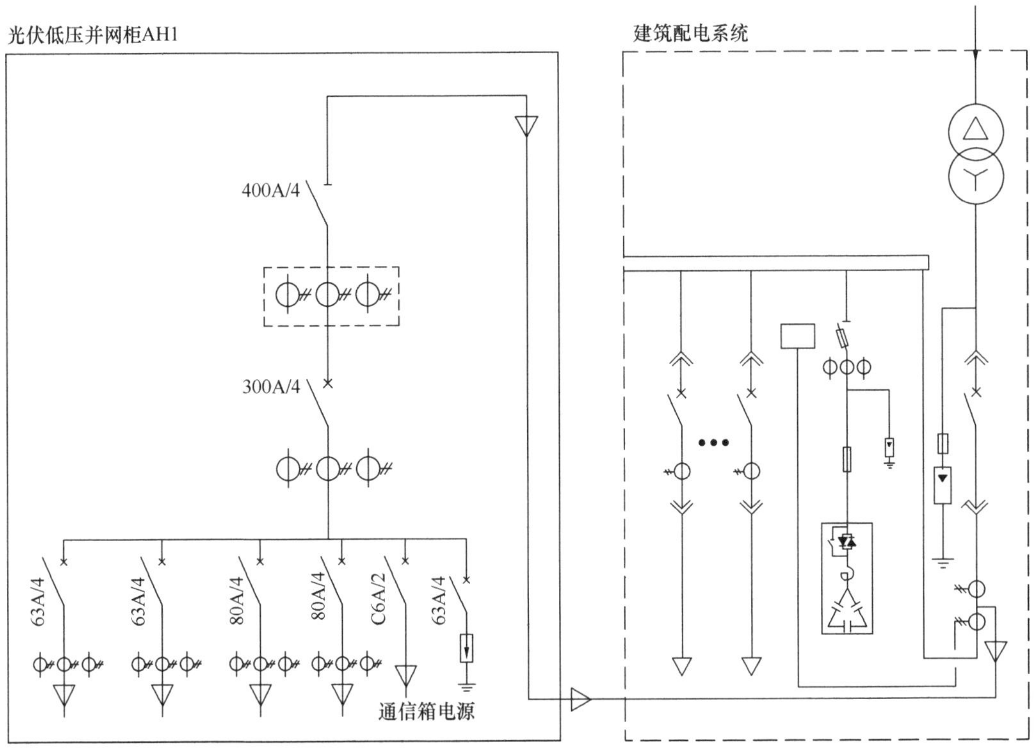

图 2-44　浙江嘉兴某项目光伏幕墙电气图并网接入点图

第 3 章

光伏幕墙施工

3.1

施工和验收

3.1.1 施工

1. 施工要点

光伏幕墙施工要点主要体现在幕墙系统的布线上，光伏幕墙系统中可利用幕墙横竖梁结构系统设置集成型腔（分体式外观一致金属线槽）用于走线。

根据建筑电气关于线槽内线缆截面积的有关规定，电缆填充率不超过 40％。光伏薄膜幕墙组件由于有较多光伏连接器，连接器应放置可开启型腔或线槽内，便于后期检修更换，连接器截面积应不超过走线空间截面的 75％。

光伏玻璃幕墙组件的线缆可通过穿线孔进入梁柱型腔，并对穿线孔用护圈做保护，穿线孔大小只需满足光伏线缆经过，不能考虑光伏连接器经过，以免对结构系统造成影响。且应对结构系统安全性校核。

2. 电气施工安装

（1）光伏组件

作业流程：识别→安装→接地→定检与维护。

1）组件识别

每块组件上都贴有 3 种标签，提供如下信息：

① 铭牌：描述了产品类型，在测试条件下的标准额定功率、额定电流、额定电压、开路电压、短路电流、认证标识、最大系统电压等信息。

② 电流分档标贴：根据组件的最佳工作电流值对组件进行分档，然后根据分档结果，在组件上附有标识。

③ 序列号：每个组件都有一个独特的序列号。这个序列号是组件在层压前就放入的。在组件铭牌之上或旁边还有一个相同的序列号。

安装时防护措施包括：摔落保护，梯子、个人保护装备。

2）电气安装

① 电气性能

组件最大可以串联的数量，必须根据要求计算，其开路电压在当地预计的最低气温条件下的值不能超过组件规定的最大系统电压值（组件最大系统电压为 DC1000V／

DC1500V——实际系统电压根据选择组件型号和逆变器来设计)。

② 电缆线和连线

组件上使用的接线盒和连接器防护等级应至少达到 IP67 或以上，电站系统直流侧采用的电缆应为依据 IEC62930 和 UL 4703 测试认证的标准光伏电缆。根据系统电压及环境条件选择合适规格的光伏电缆敷设，敷设时应置于具备抗 UV 老化性能的导管中，确保长期使用过程中电缆的电气及机械性能良好。

③ 连接器

连接器外观应完好且干燥、清洁（见图 3-1）。在使用中应防止产生电弧和电击。电气连接确保牢固。出于安全考虑，不同厂家或是依据不同标准认证的连接器不应进行互插连接。

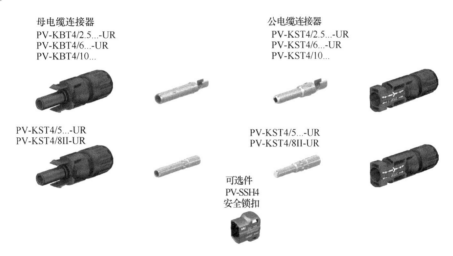

图 3-1   连接器样式

（a）安全说明

光伏电站用连接器长期应用于户外，因此对其质量和安装要求较高。连接器应按照现行国家标准《地面光伏系统用直流连接器》GB/T 33765 或 IEC 62852 的相关测试规定经行业内普遍认可的第三方认证机构（TUV、UL 或 CQC 等）测试认证，以确保产品最基本的质量要求。该产品现场应由有相应资质或经过相应专家培训的专业人士负责安装。具体要求如下：

连接器组装操作不允许在带电或负载下进行。

终端产品必须提供电击保护（例如：通过正确安装电缆连接器）。

在负载的情况下，连接器不允许断开。在带电情况下允许插拔。

在一些特殊的应用场景下，例如工业废气、盐雾或氨气等，连接器厂家需提供产品在该环境下使用的一些测试报告，并网前，未插合的连接器应有防护帽保护。

可根据应用场合要求选用相应的 IP 防护等级产品，但不适合长期水下使用。

电缆连接器不能承受持续的机械拉伸，因此建议现场敷设时电缆和连接器应固定。

高海拔（＞2000m）应用场合，连接器厂家应提供可应用于该环境的必要证明。

在高温（Level 1：70℃＜$T_{98\%}$≤80℃及 Level 2：80℃＜$T_{98\%}$≤90℃）条件下，产品厂家应根据 IEC 63126 测试条件提供连接器可应用于该环境的证明。

（b）存储注意事项

电缆连接器零部件的存储温度：－30～60℃，相对湿度：低于 70%。

未插合的连接器零部件不能暴露于降雨、冷凝水汽、沙尘等环境中。各零部件不能与酸、碱、瓦斯、丙酮等影响材料使用的化学物质接触（满足前述条件，从生产之日起，连接器零件等可存储两年）。

图 3-2　剥线钳 PV-AZM

（c）安装工具准备

a）剥线钳 PV-AZM。从图 3-2 和图 3-3 中根据电缆的导体截面积选取合适型号（PV-AZM）的剥线钳。

b）压接钳 PV-CZM。从图 3-4 和图 3-5 中根据电缆的导体截面积选取合适的压接钳。

c）组装和解锁工具 PV-MS-PLS 或开口扳手组合 PV-MS（见图 3-6）。

电缆截面积 （mm²）	AWG	型号	订货号
1.5/2.5/4/6	—	PV-AZM-156	32.6027-156
4/6/10	—	PV-AZM-410	32.6027-410

图 3-3　剥线钳 PV-AZM 参数

图 3-4　压接钳 PV-CZM

d）扭矩扳手 12mm（1/2″驱动尺寸）及套筒（见图 3-7）。

e）测试棒 PV-PST（见图 3-8）。

（d）连接器组装

a）连接器选型

连接器金属件分为冲压和机加工两种类型（见图 3-9）。与连接器匹配的电缆应适用于光伏电站系统且符合 IEC 62930 或 UL 4703 的要求。

当采用 IEC 62930 标准认证的电缆与连接器进行组装时，应根据图 3-9 和图 3-10 检查 A 与 b 尺寸并选型。当采用 UL 4703 标准认证的电缆时，应根据 3-9 和图 3-11 检查 A 与 b 尺寸并选型。

型号	电缆截面积	压接钳				
		PV-CZM-19100 32.6020-19100	PV-CZM-22100 32.6020-22100	PV-CZM-23100 32.6020-23100	PV-CZM-20100 32.6020-20100	PV-CZM-21100 32.6020-21100
PV-KBT4/2,5...-UR, PV-KST4/2,5...-UR	2.5 mm²	•				
	14 AWG	•				
PV-KBT4/6...-UR, PV-KST4/6...-UR	4 mm²	•	•		•	
	12 AWG	•	•			
	6 mm²	•				•
	10 AWG	•				•
PV-KBT4/5...-UR, PV-KST4/5...-UR	14 AWG			•		
	12 AWG			•		
	10 AWG			•		
PV-KBT4/8II-UR, PV-KST4/8II-UR	8 AWG		•	•		
PV-KBT4/10II, PV-KST4/10II	10 mm²				•	•

图 3-5　压接钳 PV-CZM 参数

PV-MS-PLS　　　　　PV-MS

图 3-6　组装和解锁工具 PV-MS-PLS 或开口
扳手组合 PV-MS

图 3-7　扭矩扳手 12mm

图 3-8　测试棒 PV-PST

图 3-9　连接器金属件

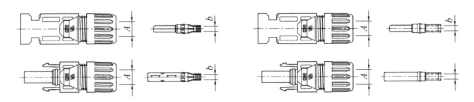

A:ø电缆直径范围(mm)	导线截面积			
	2.5mm²	4mm²	6mm²	10mm²
5.0~6.0	PV-KxT4/2,5I-UR	PV-KxT4/6I-UR	PV-KxT4/6I-UR	PV-KxT4/10I
5.5~7.4	PV-KxT4/2,5X-UR	PV-KxT4/6X-UR	PV-KxT4/6X-UR	PV-KxT4/10X
7.0~8.8	PV-KxT4/2,5II-UR	PV-KxT4/6II-UR	PV-KxT4/6II-UR	PV-KxT4/10II
b:控制尺寸	~3mm		~5mm	~7.2mm

图 3-10　IEC 62930 标准认证的电缆与连接器选型

额定电压[V]DC		导线截面积						
A:ø电缆直径范围(mm)								
ZKLA(PV-wire)	TYLZ(USE-2)	14		12		10		8
600/1000/1500	600	19~49	7~49	7~65*	7~65	7~78*	7~78	7~168
5.60~6.20	4.80~6.20	PV-KxT4/2,5I-UR	PV-KxT4/5I-UR	PV-KxT4/5I-UR	PV-KxT4/6I-UR	PV-KxT4/6I-UR	PV-KxT4/5I-UR	
6.20~7.00	6.20~7.00	PV-KxT4/2,5X-UR	PV-KxT4/5X-UR	PV-KxT4/6X-UR	PV-KxT4/5X-UR	PV-KxT4/6X-UR	PV-KxT4/5X-UR	
7.00~8.60	7.00~8.60	PV-KxT4/2,5II-UR	PV-KxT4/5II-UR	PV-KxT4/6II-UR	PV-KxT4/5II-UR	PV-KxT4/6II-UR	PV-KxT4/5II-UR	
5.95~8.00	8.30~8.56							PV-KxT4/8II-UR
b: 控制尺寸		4mm	~3mm	5.8mm	~3mm	5.8mm	~3mm	~4.4mm

图 3-11　UL 4703 标准认证的电缆与连接器选型

b) 剥线

电缆剥线是连接器组装的第一步，剥线的长度 L 可根据图 3-12 中连接器的型号来确定。采用专业的剥线钳可避免出现线芯受损、断丝、斜切或电缆绝缘层拉断的情况（见图 3-13）。

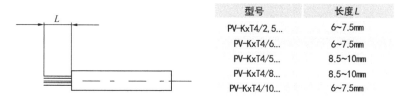

型号	长度 L
PV-KxT4/2, 5...	6~7.5mm
PV-KxT4/6...	6~7.5mm
PV-KxT4/5...	8.5~10mm
PV-KxT4/8...	8.5~10mm
PV-KxT4/10...	6~7.5mm

图 3-12　电缆剥线长度

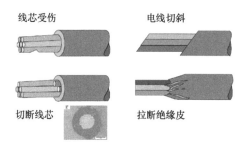

图 3-13　线芯受损、断丝、斜切或电缆绝缘层拉断现象

c) 压接

根据连接器金属件的不同制造形式，其压接部位可分为冲压件 B 形口和机加工件的 O 形口。根据图 3-14 选择合适的压接钳并根据不同的开口类型进行压接。

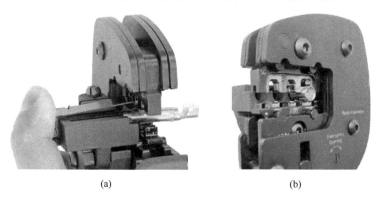

(a)　　　　　　　　　　　　　(b)

图 3-14　压接钳选型

(a) B 形口；(b) O 形口

连接器的压接应采用厂家的专业压接钳操作。压接后的产品如图 3-15 所示。压接质量可通过两个方面进行判断：压接部位拉力符合标准要求（见图 3-16）；横截面剖面致密，导体铜丝变形均匀且无孔隙。图 3-17 为正确的压接，而图 3-18 则为质量较差的压接。

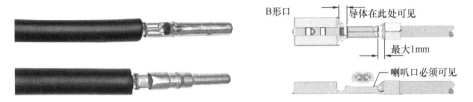

图 3-15　连接器的压接

截面积		拉力
mm²	AWGa	N
0.05	30	6
0.08	28	11
0.12	26	15
0.14		18
0.22	24	28
0.25		32
0.32	22	40
0.5	20	60
0.75		85
0.82	18	90
1.0		108
1.3	16	135
1.5		150
2.1	14	200
2.5		230
3.3	12	275
4.0		310
5.3	10	355
6.0		360
8.4	8	370
10.0		380
NOTE To test the crimped connection, the same values are included in IEC 60760, Clause 17 and IEC 61210, Table 9.		
aFor information only.		

图 3-16　压接部位拉力标准

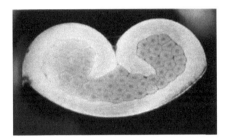

图 3-17　正确的压接

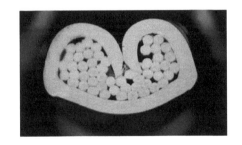

图 3-18　质量较差的压接

d）安装检查

如图 3-19 所示，将压接好的金属件分别插入公母电缆连接器绝缘外壳中，直至啮合。轻轻回拉电缆检查金属件是否与外壳正确连接。

使用测试棒正确的一端最大限度地插入公母连接器中。如图 3-20 所示，若白色标记依然可见，则说明金属件插入位置正确，与塑料外壳已完全啮合。

如图 3-21 所示，使用工具 PV-MS 或 PV-MS-PLS 预拧连接器螺帽。之后采用扭矩扳手按照连接器厂家的要求扭矩拧紧螺帽，如图 3-22 所示。由于一种型号的连接器需匹配不同外径的电缆，因此螺帽一般不会安装到底而是留有一定的间隙，如图 3-23 所示。

e）插入和拔出

公母电缆连接器各自组装完毕后，如图 3-24 所示，将两者对插直至啮合。轻轻拉动

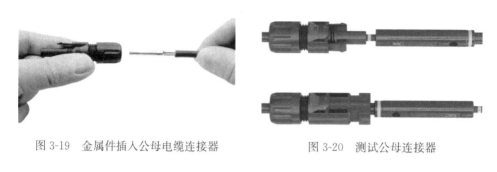

图 3-19   金属件插入公母电缆连接器   图 3-20   测试公母连接器

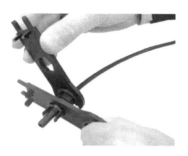

图 3-21   预拧连接器螺帽   图 3-22   扭矩扳手拧连接器

图 3-23   连接器螺帽完成状态

连接器以便确认是否插合到位。将解锁工具 PV-MS 或 PV-MS-PLS 插入公母连接器连接部位的卡角处并解锁，如图 3-25 所示。若有些地区或国家要求不能徒手打开连接器，则需要安装安全锁扣 PV-SSH4，其插入和拔出过程如图 3-26 所示。

图 3-24   连接器对插

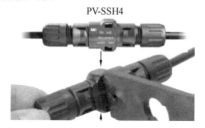

图 3-25   连接器解锁工具使用   图 3-26   安全锁扣的插入和拔出

f）布线

如图 3-27 所示，电缆从连接器出来应预留至少 20mm 距离再进行弯折或者根据所用电缆的 5 倍最小弯曲半径进行弯折敷设。布线时，电缆连接器及电缆应固定牢固，不应出现自然垂地的情况。连接器也不应放置于易积水区域。

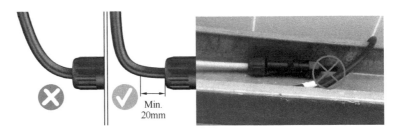

图 3-27　电缆从连接器出来布置方法

g）不同安装状态的连接器使用案例

测试样品取自中核汇能河北分公司南大港光伏电站，2014 年 12 月并网发电。系统采用的是 MC4 电缆连接器（PV-KST4/6 和 PV-KBT4/6），在 10A 及 20A 载流条件下三种不同组装状态连接器（S1 为新组装、S2 为电站应用 7 年且正确组装、S3 为电站应用 7 年且未正确压接和组装）的温度对比如图 3-28 所示。

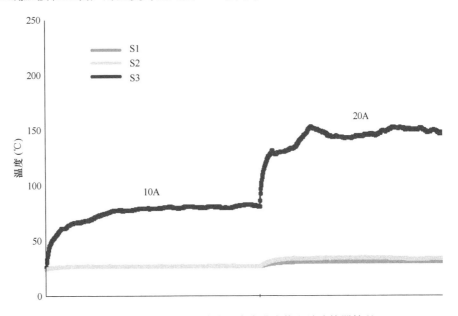

图 3-28　中核汇能河北分公司南大港光伏电站连接器情况

S2 样品较新组装的 S1 样品接触电阻增大了 12%，在 10A 的常规电流下两者温升几乎相同，在目前 210 大组件短路电流都未达到的 20A 通流下，两者也仅有 4～5℃ 的温差。而 S3 由于未正确压接及组装，环境温度下，10A 常规电流其温度已达到 85℃，而 20A 大电流下更是达到了 180℃，远远超过了连接器可承受的长期使用温度 105℃。

因此，在保证连接器质量（应用过程中，电阻保持稳定，长期使用后其电阻增加最大不超过标准要求的 1.5 倍标称电阻）的前提下，是否正确安装对于其长期使用状态至关重要。

3）组件接地

组件的设计中，使用了铝合金边框作为刚性支撑，为避免组件受到雷电和静电伤害，组件边框须接地。接地装置穿透边框表面的氧化膜与铝合金内部充分接触。铜、铜合金或相关电气规范要求的电导体材料，可作为接地导体、接地电极。

说明：①边框间采用导线进行等电位连接，每组组件至少有 2 点与光伏幕墙钢立柱支架部分可靠连接（与钢结构螺栓连接）。②原钢结构支柱可靠连接，连接电阻实测应不大于 4Ω。③电气设备正常不带电部分，均与接地装置就近电气连通。④接地装置应与光伏支架同时制作及施工。⑤镀锌扁钢焊接处应搭接，搭接长度应为其宽度的 2 倍。

4）定检和维护

质保期内必须进行定期检查和维护组件，在发现组件有损坏的时候两周内通知供应商。

① 清洗

根据积垢的速度确定清洗的频率。雨水能减少清洗的频率。建议用潮湿、亲水的海绵或者软布擦拭组件表面，严禁使用含有碱、酸的清洁剂清洗组件。光照不强且组件温度较低时进行光伏组件清洁，并注意电击危险。

② 组件的外观检查

目视检查外观缺陷以及所有连接器是否连接紧密、有无腐蚀并检查组件是否接地良好。

③ 连接器和线缆的检查

建议执行多次预防性检查，如下：

（a）检查连接器的密封性和电缆连接是否牢固；

（b）检查接线盒处密封胶是否开裂，是否有缝隙。

（2）电缆走线

1）线缆穿引（线槽）敷设：电缆走线采用穿线槽敷设，直流电缆汇集于组件背侧线槽，汇集于幕墙逆变器安装侧，借助 80mm×80mm 方管管壁，进入组串式逆变器直流进线端子。

作业流程：敷设准备→线缆线槽走线。

① 敷设准备

（a）作业整体条件：非雨天。

（b）作业要求：电缆到场后应检查核对电缆型号、规格是否符合要求，检查电缆线盘及其保护层是否完好，电缆两端有无受潮。

（c）使用工具/工装/机械：卡尺。

（d）分项验收标准：电缆规格型号符合设计要求，质量证明文件是否齐全。

（e）检测方法：目测、尺测。

(f) 安全注意事项：应选择坚硬平坦的地面存放电缆，作业中搬运电缆时，应戴防护手套。

② 线缆线槽走线

(a) 作业要求：线缆布放应自然平直，线缆间不得缠绕、交叉等，线缆不应受到外力的挤压，且与线缆接触的表面应平整、光滑，以免造成线缆的变形与损伤，线缆在布放前两端应贴有标签，以表明起始和终点位置，标签书写应清晰，线槽余量可容纳电缆外径的1.5倍，专业的电工或者具备专业资格的人员，才能进行可能需要的线缆终端头（中间头）的制作。

(b) 使用工具/工装/机械：卡尺。

(c) 分项验收标准：穿槽材质符合设计要求，绑扎固定良好。线槽为PVC防火材质。

(d) 检测方法：目测、尺测。

(e) 安全注意事项：敷设过程中，施工人员需佩戴安全帽，电源应加漏电保护装置，并应有良好的接地。附近其他施工人员应与电力设备保持足够的安全距离。

2）交流线缆直埋敷设后回填

电缆走线：直流电缆采用穿线槽敷设，直流电缆汇集于组件背侧线槽，汇集与幕墙逆变器安装侧，借助80mm×80mm方管管壁，进入组串式逆变器直流进线端子。逆变器交流出线进入地坪以下预埋管线（合并）。电缆与电缆、管道、道路、构筑物等之间允许最小距离如表3-1所示。

作业流程：敷设准备→定位放线及开挖→线缆敷设→回填。

电缆与电缆、管道、道路、构筑物等之间允许最小距离（单位：m）　表3-1

电缆直埋敷设时的配置情况		平行	交叉
控制线缆之间		—	0.5①
电力线缆之间或与控制电缆之间	10kV及以下电力线缆	0.1	0.5①
	10kV以上电力线缆	0.25②	0.5①
不同部门使用的电缆		0.5②	0.5①
电缆与地下管沟	热力管沟	2.0③	0.5①
	油管或易（可）燃气管道	1.0	0.5①
	其他管道	0.5	0.5①
电缆与建筑物基础		0.6③	—
电缆与道路边		1.0③	—
电缆与排水沟		1.0③	—
电缆与树木的主干		0.7	—

① 用隔板分隔或电缆穿管时不得小于0.25m；

② 用隔板分隔或电缆穿管时不得小于0.1m；

③ 特殊情况时，减少值不得大于50%。

注意事项：

① 电缆到场应检查核对电缆型号、规格是否符合要求，电缆线盘及其保护层完好性。直埋电缆在直线段每隔 50～100m 处、电缆接头处（参考：1kV 以下系统电缆连接中接头处根据设计可能用到的铜铝连接端子，见图 3-29）、转弯处、进入建筑物等处，应设置明显标识。

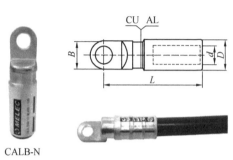

图 3-29　铜铝连接端子

图 3-30　直埋电缆保护板

② 线缆敷设（电缆沟用于系统交流出线和通信线缆的敷设）本部使用工具/工装/机械：经纬仪、水准仪、卷尺、白灰；牵引敷设；检测方法：目测、尺测、水准仪检测。

③ 安全注意事项：施工人员需佩戴安全帽，电源应加漏电保护装置，并应有良好的接地。其他施工人员应与电力设备保持足够的安全距离。

④ 电缆施工结束后，应及时回填，回填前清除槽底杂物，直埋电缆上下部应铺不小于 100mm 厚的软土砂层，并应加盖保护板，其覆盖宽度应超过电缆两侧各 50mm，保护板可采用混凝土盖板或砖块，软土或砂子中不应有石块或其他硬质杂物（如图 3-30）。

（3）组串式逆变器安装

作业流程：逆变器到货→逆变器安装载体要求→逆变器安装→连接保护地线→逆变器交流接线→逆变器直流接线。

1）逆变器到货

① 作业条件：天气无雨；堆放场地协调完毕。

② 作业要求：

（a）逆变器到场前，提前考虑堆放场地，存储于室内时，堆放处应清洁干燥，防止灰尘及水汽的侵蚀；如果短时间内将会使用（3 天内），可以将逆变器存放在室外，存于地面平整的硬化场地，存放底部垫木找平，存放不宜超过 3 层，做好防盗工作。

（b）逆变器到场后检查到货包装完整性，核对数量和规格，检查随机质量证明文件是否齐全。

③ 使用工具/工装/机械：简易手工安装。

2）逆变器安装载体要求

① 安装载体必须具备防火性能。

② 勿在易燃的建筑材料上安装逆变器。

③ 待安装表面坚固，达到安装逆变器的承重要求。

安装角度要求：直立安装，不允许倾斜。

安装空间要求：不依附任何壁面，组串式逆变器周围留有至少10cm的空气间隙。

3）逆变器安装

① 使用安装载体，确定打孔位置，用水平尺调平孔位，并用记号笔标记。安装载体共有四组螺钉孔，每组四个孔位，可根据实际情况选择每组四个孔位中的任意一个标记打孔位置，共标记四个。建议优先选择两个圆孔作为固定孔。具体如图3-31所示。

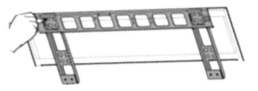

② 使用冲击钻打孔。建议在打孔处刷防锈漆进行防护。

图3-31　逆变器安装载体示意图

③ 将安装载体对准孔位，并将组合螺栓（平垫、弹垫、M12×40 螺栓，随箱配备）穿过安装载体放入孔中，用随箱发货的不锈钢螺母、平垫组合固定，并用18mm套筒扳手紧固螺栓，紧固力矩为45N·m。

4）连接保护地线

① 作业条件：天气无雨且逆变器安装完成。

② 作业要求：

（a）利用剥线钳将接地线缆的绝缘层剥去适合的长度，如图3-32所示。

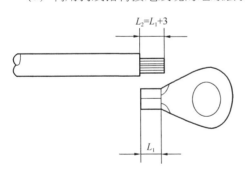

（b）将剥去绝缘层的线芯穿入OT端子的导体压接区内，并用液压钳压紧，如图3-33所示。

（c）将接地位置处的螺钉拧下；用接地位置的螺钉将制作好的接地线缆固定，并用内梅花扳手将螺钉紧固，紧固力矩为5N·m，如图3-34所示。

使用工具/工装/机械：液压钳、剥线钳、力矩扳手。

图3-32　剥线长度示意图

③ 分项验收标准：

（a）接地电阻不应大于0.24Ω。

（b）端子的导体压接片压接后所形成的腔体应完全将线缆导体包覆，并且线缆导体与端子结合紧密。

（c）为了提高接地端子的防腐性能，建议在接地线缆安装完成后，在接地端子外部涂抹硅胶或刷漆进行防护。

检测方法：万用表检测及观察检测。

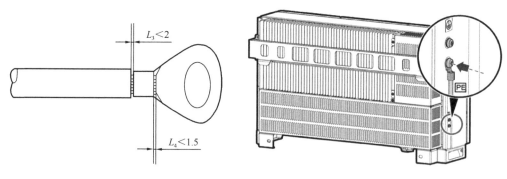

图 3-33　压线长度示意图　　　　　　　图 3-34　固定接地线缆

5）逆变器交流接线

① 作业条件：天气无雨，出逆变器交流线缆敷设完成且逆变器安装完成。

② 作业要求：

（a）接线端子要求：

a）当采用铜芯线缆时，使用铜接线端子。

b）当采用铜包铝线缆时，使用铜接线端子。

c）当采用铝合金线缆时，使用铜铝过渡接线端子，或铝接线端子配合铜铝过渡垫片。具体如图 3-35 所示。

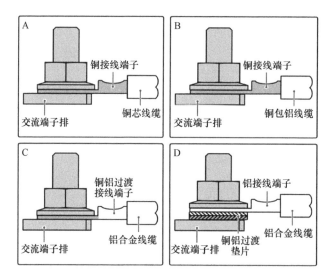

图 3-35　铜铝过渡转接端子

（b）交流接线的步骤：

a）将逆变器交流输入端接头的锁紧帽拧下，并拆开堵头，根据电缆外径选择合适的橡胶内衬，将交流线缆穿过锁紧帽和橡胶内衬（见图 3-36）。

b）利用剥线钳，将交流输出线的护套和绝缘层，剥去合适的长度（见图 3-37）。

c）将剥去绝缘层的线芯穿入 OT 端子的线缆压接区内，用液压钳压紧。

d）压线处用热缩套管或绝缘胶带包覆。采用热缩套管包覆时，先将热缩套管套入交流输出线再压接 OT 端子。同时需保证热缩套管包覆范围不要超出 OT 端子的线缆压接区。

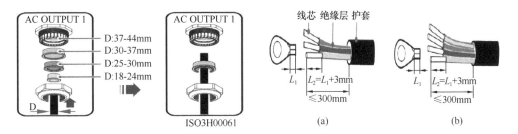

图 3-36　交流端子安装　　　　　　　　图 3-37　剥开交流线缆示意图

（a）三芯线（不含地线）；（b）四芯线（含地线）

e）将交流输出线穿过机箱底部的"AC OUTPUT 1"接头。

f）将交流输出线连接至交流端子排，并使用带有加长杆的 13mm 套筒扳手锁紧螺母；需确保交流输出线连接紧固，否则可能导致设备无法正常运行，或运行后因连接不可靠而发热等导致逆变器端子排损坏等状况（见图 3-38）。

g）选择维护腔内的接地点连接地线时，将地线连接至接地点，并用带有加长杆的 10mm 套筒扳手锁紧接地螺钉。若逆变器安装不稳定，交流输出线承受拉力时，需确保最后承受应力的线缆为保护地线（见图 3-38）。

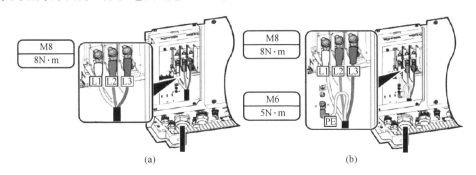

图 3-38　固定交流线缆

（a）三芯线（不含地线）；（b）四芯线（含地线）

h）使用开口为 65mm 的力矩扳手将锁紧帽锁紧，紧固力矩为 7.5N·m。并对防水接头进行密封处理。

使用工具/工装/机械：液压钳、剥线钳、力矩扳手。

③ 分项验收标准：

（a）检查接线是否正确、牢固；相序是否正确，绝缘是否良好。

（b）检查接头端子的选用是否正确。

（c）电缆接引完毕后，逆变器本体的预留孔洞及电缆管口应做好防火封堵。

④ 检测方法：

（a）观察检测；

（b）相序仪检测相序。

⑤ 安全注意事项：

（a）打开维护门之前，交、直流均必须下电。下电后等待至少 5min，再对逆变器进行操作。

（b）请勿将未使用的螺钉遗留在维护腔内。

6）逆变器直流接线

① 作业条件：天气无雨，进逆变器直流线缆敷设完成且逆变器安装完成。

② 作业要求：

（a）制作正、负极连接线：直流连接器配发的金属端子，为机加型或冲压型中的任意一种。根据金属端子类型选择合适的压线钳压接，不能混用，以免损坏金属端子。具体如图 3-39 所示。

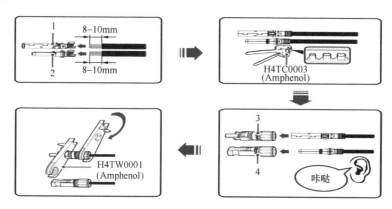

图 3-39　直流连接器组装

连接完成后的检查：正、负极金属端子卡入到位后，回拉检测直流输入线，其连接紧固、不脱落。

（b）用万用表测量直流输入组串的电压，确保每个组串电压不超过规定电压（组串式逆变器直流输入侧设计最大允许电压），同时验证直流输入线缆的极性。

（c）分别将正、负极连接器插入逆变器直流输入端子的正、负极，直到听见"咔嗒"声，说明卡入到位，如图 3-40 所示。

安装安全注意事项：将正、负极连接器插入/拔出逆变器直流输入端子前，需确保两个"DC SWITCH"处于"OFF"状态。正、负极连接器卡入到位后，回拉检测直流输入线连接紧固，不脱落。如果不慎将直流输入线反接，请勿立即对"DC SWITCH"和正、负极连接器进行操作，否则可能会造成设备损坏（需晚上太阳辐照度降低，光伏组串电流降低至

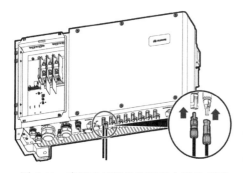

图 3-40　直流连接器连接到逆变器示意图

0.5A 以下，再将两个 "DC SWITCH" 置于 "OFF" 的位置，取下正、负极连接器修正直流输入线极性)。

（d）连接器拆卸

如果需要将正、负极连接器从逆变器上取下，可以使用拆卸扳手插入固定卡口，并用力压下，小心地取下直流连接器，如图 3-41 所示。

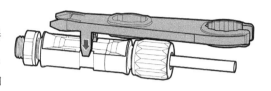

图 3-41　拆卸扳手插入固定卡口

注意：在取下正、负极连接器之前，请确保已经将两个 "DC SWITCH" 置于 "OFF"。

使用工具/工装/机械：压线钳、剥线钳、万用表、MC4 插头拆接器。

③ 分项验收标准：

（a）逆变器直流侧电缆接线前必须确认电缆极性正确、绝缘良好；

（b）正、负极连接器卡入到位后，回拉检测直流输入线连接紧固，不脱落。

④ 检测方法：

（a）万用表检测；

（b）使用手拉拔检测接线是否牢固。

⑤ 安全注意事项：同上文 "安装安全注意事项"。

（4）监控、环境监测、通信系统

监控系统摄像机（根据客户需求差异）、主监视器、监视器机柜（架）、控制设备及连接电缆等全套系统，主要根据客户需要组配，建议与原有监控系统及信息平台扩展、合并使用（设备建议选型：一体化高集成度产品）。

作业流程：施工准备→线缆敷设→前端设备的安装→中心控制、通信设备的安装→环境监测系统的安装→试运行→竣工验收资料整理。

1）施工准备

① 作业要求：

（a）经设计交底后，完成施工图纸会审，并编写有针对性的作业指导书。

（b）施工队伍进场、完成技术、质量、安全、文明施工方面的交底。

（c）根据施工图纸做出所用材料预算并采购齐全，材料有出厂合格证书，准备好施工过程中所用的工器具。

② 使用工具/工装/机械：基本安装工具及安全帽。

③ 分项验收标准：技术文件完成审批，进行了技术、安全交底，参加作业的防护设备和电动设备处于正常状态。

④ 检测方法：目测、检查工具。

⑤ 安全注意事项：防止划伤、防止机械伤害。

2）线缆敷设

① 作业要求：

（a）监控系统摄像机电源布置考虑设备维护的方便及防止线路过长导致的压降过高、电源线在复杂环境内受到的高次谐波干扰等。

（b）穿放线缆时，每根线缆均按序编号，做好标记。其号码标记应清晰，标号要防止破损，以便施工安装、调试及故障查找。

（c）线缆在前端设备处应留有余量（一般至少 3m 以上），以利位置稍加变动时的灵活处置。

（d）需直角拐弯穿线时，应防止拐角处的线缆外皮被磨损，否则电缆外皮破损后易造成屏蔽层接地，进而导致系统多点接地。

（e）线缆在桥架外的部分须采用保护套管进行保护，保护管如在吊顶或墙面处建议暗装，线缆布防要严格注意与强电线缆的间距。

使用工具/工装/机械：剥线钳、压线钳、钢丝、标识牌。

② 分项验收标准：

（a）线缆型号符合设计要求，线缆标识清晰，且不易脱落。

（b）线缆外观完好，无划伤、破损，线缆敷设路径符合设计，且与强电线路距离符合要求。

③ 检测方法：目测。

④ 安全注意事项：防止高空跌落、划伤。

3）前端设备的安装

① 作业要求：

（a）支架与摄像机、电源线与控制线、电源箱体整体由第三方设备厂商供应。

（b）电源箱内断路器设备、TB 端子排、电源箱内设接地母排，箱体外壳、开关电源接地端及所有线缆屏蔽线要接地母排连接牢固。

② 使用工具/工装/机械：压线钳、剥线钳、螺丝刀、标识牌、卷尺。

③ 分项验收标准：支架与摄像机均应牢固安装；线缆连接牢固，线缆型号正确；摄像机安装满足技术要求；电源箱安装横平竖直、牢固，电源箱内电缆接线正确，标识清晰不褪色。

④ 检测方式：目测、拉尺检查、拧紧检查。

⑤ 安全注意事项：防止高空坠落、划伤、夹伤。

4）中心控制、通信设备的安装

① 作业要求：

（a）监视器应端正、平稳地安装在监视器机柜上，应有良好的通风散热环境。

（b）主监视器距监控人员的距离应为主监视器荧光屏对角线长度的 4～6 倍。

（c）避免日光或人工光源直射荧光屏，监视器、通信机柜（架）的背面与侧面距墙距离符合要求。

（d）控制台应端正、平衡安装，机柜内设备应当安装牢固，其内插件设备均应接触可靠，安装牢固，无扭曲、脱落现象。

（e）监控室内的所有引线均应根据监视器、控制、通信设备的位置设置电缆槽和进线孔。

（f）所有引线与设备连接时，均要留有余量，并做永久性标志，以便维修好管理。

② 使用工具／工装／机械：螺丝刀、剥线钳、压线钳。

③ 分项验收标准：

（a）监视器安装端正、平稳，满足技术要求。监视器周围预留散热空间满足技术要求。

（b）控制设备安装平稳、牢固，线缆连接牢固无脱落。

④ 检测方式：目测；安全方面注意防止划伤。

5）环境监测系统的安装

本次标准化设计主要说明环境监测系统的上游设计和组配，图3-42为设计原理图。

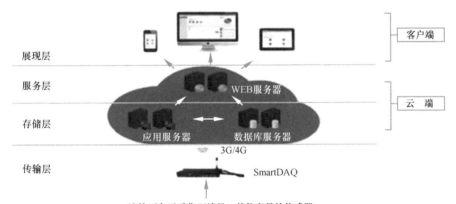

图 3-42　环境监测系统设计原理图

6）试运行

① 作业要求：

（a）接通控制台总电源开关，检测交流电源电压；用万用表检查电源电压；合上分电源开关，检查各输出端电压等；确认无误后，给每一回路通电。

（b）检查各种接线是否正确。用250V兆欧表对控制电缆进行测量，线芯与线芯、线芯与地绝缘电阻不应小于0.5MΩ；用500V兆欧表对电源电缆进行测量，其线芯间、线芯与地间绝缘电阻不应小于0.5MΩ。

（c）监控系统中的金属护管、电缆桥架、金属线槽、配线钢管和各种设备的金属外壳均应与地连接，保证可靠的电气通路。系统接地电阻应小于4Ω。

（d）闭合控制台、监视器电源开关，若设备指示灯亮，即可闭合摄像机电源，监视器屏幕上便会显示图像。调节光圈（电动光圈镜头）及聚焦，使图像清晰。改变变焦镜头的焦距，并观察变焦过程中图像清晰度。

（e）遥控云台，若摄像机静止和旋转过程中图像清晰度变化不大，则认为摄像机工作正常。

（f）遥控云台，使其上下、左右转动到位，转动过程中无噪声，无抖动，电机不发热。

（g）重点监视部位若有逆光摄像情况，或有遮挡物遮挡较为严重时，适当调整安装位置。

② 使用工具/工装/机械：兆欧表、万用表、接地电阻测试仪、螺丝刀。

③ 分项验收标准：

（a）电源箱接线正确，电源电压符合要求，线缆之间、线缆对地绝缘电阻满足要求。

（b）监控系统接地满足技术要求。

（c）云台转动灵活，转动无发热、抖动现象。摄像机静止和旋转过程中图像清晰度变化不大。

④ 检测方式：目测、兆欧表检查、万用表检查、接地电阻测试仪检查。

⑤ 安全注意事项：防止机械伤害、电伤。

7）竣工验收资料整理

① 作业要求：

（a）参照现行行业标准《安全防范工程程序与要求》GA/T 75 中有关验收条款的规定。

（b）工程项目按招标文件的规定内容全部完成。

（c）初验并出具初验报告：试运行、竣工报告、系统验收报告，竣工图纸等资料齐全。

② 使用工具/工装/机械：验收工具。

③ 分项验收标准：

（a）工程项目按招标文件的规定内容全部完成。

（b）工程质量满足技术标准要求，项目技术资料完整、齐全。

④ 检测方式：目测。

⑤ 安全注意事项：验收防止高空跌落。

3. 电气系统调试

光伏幕墙电气系统调试参照现行国家标准《光伏发电站施工规范》GB 50794，具体如下：

（1）一般规定

调试方案应报审完毕。

设备和系统调试前，安装工作应完成并验收合格。

室内安装的系统和设备调试前，建筑工程应具备下列条件：

1）所有装饰工作应完毕并清扫干净。

2）装有空调或通风装置等特殊设施的，应安装完毕，投入运行。

3）受电后无法进行或影响运行安全的工作，应施工完毕。

（2）光伏组件串测试

光伏组件串测试前应具备下列条件：

1）所有光伏组件应按照设计文件数量和型号组串并接引完毕。

2）汇流箱内各回路电缆应接引完毕，且标示应清晰、准确。

3）汇流箱内的熔断器或开关应在断开位置。

4）汇流箱及内部防雷模块接地应牢固、可靠，且导通良好。

5）辐照度宜在高于或等于 $700W/m^2$ 的条件下测试。

光伏组件串的检测应符合下列要求：

1）汇流箱内测试光伏组件串的极性应正确。

2）相同测试条件下的相同光伏组件串之间的开路电压偏差不应大于 2%，但最大偏差不应超过 5V。

3）在发电情况下应使用钳形万用表对汇流箱内光伏组件串的电流进行检测。相同测试条件下且辐照度不应低于 $700W/m^2$ 时，相同光伏组件串之间的电流偏差不应大于 5%。

4）光伏组件串电缆温度应无超常温等异常情况。

5）光伏组件串测试完成后，应填写记录。

逆变器投入运行前，宜将接入此逆变单元内的所有汇流箱测试完成。

逆变器在投入运行后，汇流箱内组串的投、退顺序应符合下列要求：

1）汇流箱的总开关具备灭弧功能时，其投、退应按下列步骤执行：

① 先投入光伏组件串小开关或熔断器，后投入汇流箱总开关。

② 先退出汇流箱总开关，后退出光伏组件串小开关或熔断器。

2）汇流箱总输出采用熔断器，分支回路光伏组件串的开关具备灭弧功能时，其投、退应按下列步骤执行：

① 先投入汇流箱总输出熔断器，后投入光伏组件串小开关。

② 先退出箱内所有光伏组件串小开关，后退出汇流箱总输出熔断器。

3）汇流箱总输出和分支回路的光伏组件串均采用熔断器时，则投、退熔断器前，均应将逆变器解列。

（3）逆变器调试

逆变器调试前，应具备下列条件：

1）逆变器控制电源应具备投入条件。

2）逆变器直流侧、交流侧电缆应接引完毕，且极性（相序）正确、绝缘良好。

3）方阵接线应正确，具备给逆变器提供直流电源的条件。

逆变器调试前，应对其做下列检查：

1）逆变器接地应牢固可靠、导通良好。

2）逆变器内部元器件应完好，无受潮、放电痕迹。

3）逆变器内部所有电缆连接螺栓、插件、端子应连接牢固，无松动。

4）当逆变器本体配有手动分合闸装置时，其操作应灵活可靠、接触良好，开关位置指示正确。

5）逆变器本体及各回路标识应清晰准确。

6）逆变器内部应无杂物，并经过清灰处理。

逆变器调试应符合下列要求：

1）逆变器控制回路带电时，应对其做下列检查：

① 工作状态指示灯、人机界面屏幕显示应正常。

② 人机界面上各参数设置应正确。

③ 散热装置工作应正常。

2）逆变器直流侧带电而交流侧不带电时，应进行下列工作：

① 测量直流侧电压值和人机界面显示值之间偏差应在允许范围内。

② 检查人机界面显示直流侧对地阻抗值应符合要求。

3）逆变器直流侧带电、交流侧带电，具备并网条件时，应进行下列工作：

① 测量交流侧电压值和人机界面显示值之间偏差应在允许范围内；交流侧电压及频率应在逆变器额定范围内，且相序正确。

② 具有门限位闭锁功能的逆变器，逆变器盘门在开启状态下，不应做出并网动作。

4）逆变器并网后，在下列测试情况下，逆变器应跳闸解列：

① 具有门限位闭锁功能的逆变器，开启逆变器盘门。

② 逆变器交流侧掉电。

③ 逆变器直流侧对地阻抗低于保护设定值。

④ 逆变器直流输入电压高于或低于逆变器的整定值。

⑤ 逆变器直流输入过电流。

⑥ 逆变器交流侧电压超出额定电压允许范围。

⑦ 逆变器交流侧频率超出额定频率允许范围。

⑧ 逆变器交流侧电流不平衡超出设定范围。

逆变器停运后，需打开盘门进行检测时，必须切断直流、交流和控制电源，并确认无电压残留后，在有人监护的情况下进行。

逆变器在运行状态下，严禁断开无灭弧能力的汇流箱总开关或熔断器。

施工人员测试完成后，应按表 3-2 所示格式填写施工记录。

并网逆变器现场检查测试表   表 3-2

工程名称			
逆变器编号：	测试日期：	天气情况：	
类别	检查项目	检查结果	备注
本体检查	型号		
	逆变器内部清理检查		
	内部元器件检查		
	连接件及螺栓检查		
	开关手动分合闸检查		
	接地检查		
	孔洞阻燃封堵		

续表

工程名称			
逆变器编号：	测试日期：	天气情况：	
类别	检查项目	检查结果	备注
人机界面检查	主要参数设置检查		
	通信地址检查		
直流侧电缆检查、测试	电缆根数		
	电缆型号		
	电缆绝缘		
	电缆极性		
	开路电压		
交流侧电缆检查、测试	电缆根数		
	电缆型号		
	电缆绝缘		
	电缆相序		
	交流侧电压		
逆变器并网后检查、测试	冷却装置		
	柜门连锁保护		
	直流侧输入电压低		
	交流侧电源失电		
	通信数据		

检查人：　　　　　　　　　　　确认人：

（4）二次系统调试

二次系统的调试内容主要包括：计算机监控系统、继电保护系统、远动通信系统、电能量信息管理系统、不间断电源系统、二次安防系统等。

计算机监控系统调试应符合下列规定：

1）计算机监控系统设备的数量、型号、额定参数应符合设计要求，接地应可靠。

2）遥信、遥测、遥控、遥调功能应准确、可靠。

3）计算机监控系统防误操作功能应完备可靠。

4）计算机监控系统定值调阅、修改和定值组切换功能应正确。

5）计算机监控系统主备切换功能应满足技术要求。

6）站内所有智能设备的运行状态和参数等信息均应准确反映到监控画面上，对可远方调节和操作的设备，远方操作功能应准确、可靠。

继电保护系统调试应符合下列要求：

1）调试时可按照现行行业标准《继电保护和电网安全自动装置检验规程》DL/T 995 的相关规定执行。

2）继电保护装置单体调试时，应检查开入、开出、采样等元件功能正确；开关在合闸状态下模拟保护动作，开关应跳闸，且保护动作应准确、可靠，动作时间应符合要求。

3）保护定值应由具备计算资质的单位出具，且应在正式送电前仔细复核。

4）继电保护整组调试时，应检查实际继电保护动作逻辑与预设继电保护逻辑策略一致。

5）站控层继电保护信息管理系统的站内通信、交互等功能实现应正确；站控层继电保护信息管理系统与远方主站通信、交互等功能实现应正确。

6）调试记录应齐全、准确。

远动通信系统调试应符合下列要求：

1）远动通信装置电源应稳定、可靠。

2）站内远动装置至调度方远动装置的信号通道应调试完毕，且稳定、可靠。

3）调度方遥信、遥测、遥控、遥调功能应准确、可靠。

4）远动系统主备切换功能应满足技术要求。

电能量信息采集系统调试应符合下列要求：

1）光伏幕墙关口计量的主、副表，其规格、型号及准确度应符合设计要求，且应通过当地电力计量检测部门的校验，并出具报告。

2）光伏幕墙关口表的电流互感器、电压互感器应通过当地电力计量检测部门的校验，并出具报告。

3）光伏幕墙投入运行前，电能表应由当地电力计量部门施加封条、封印。

4）光伏幕墙的电量信息应能实时、准确地反映到后台监控画面。

不间断电源系统调试应符合下列要求：

1）不间断电源的主电源、旁路电源及直流电源间的切换功能应准确、可靠，异常告警功能应正确。

2）计算机监控系统应实时、准确地反映不间断电源的运行数据和状况。

二次系统安全防护调试应符合下列要求：

1）二次系统安全防护主要由站控层物理隔离装置和防火墙构成，应能够实现自动化系统网络安全防护功能。

2）二次系统安全防护相关设备运行功能与参数应符合要求。

3）二次系统安全防护运行情况应与预设安防策略一致。

（5）其他电气设备调试

其他电气设备的试验标准应符合现行国家标准《电气装安装工程 电气设备交接试验标准》GB 50150 的相关规定。

3.1.2   验收

1. 幕墙验收

（1）光伏玻璃幕墙工程验收前应将其表面清洗干净。

（2）光伏玻璃幕墙验收时应提交下列资料：

1）幕墙工程的竣工图或施工图、结构计算书、设计变更文件及其他设计文件；

2）幕墙工程所用各种材料、附件及紧固件、构件及组件的产品合格证书、性能检测报告、进场验收记录和复验报告；

3）进口硅酮结构胶的商检证；国家指定检测机构出具的硅酮结构胶相容性和剥离粘结性试验报告；

4）后置埋件的现场拉拔检测报告；

5）幕墙的风压变形性能、气密性能、水密性能检测报告及其他设计要求的性能检测报告；

6）打胶、养护环境的温度、湿度记录；双组分硅酮结构胶的混匀性试验记录及拉断试验记录；

7）防雷装置测试记录；

8）隐蔽工程验收文件；

9）幕墙构件和组件的加工制作记录；幕墙安装施工记录；

10）张拉杆索体系预拉力张拉记录；

11）淋水试验记录；

12）其他质量保证资料。

(3) 光伏玻璃幕墙工程验收前，应在安装施工中完成下列隐蔽项目的现场验收：

1）预埋件或后置螺栓连接件；

2）构件与主体结构的连接节点；

3）幕墙四周、幕墙内表面与主体结构之间的封堵；

4）幕墙伸缩缝、沉降缝、防震缝及墙面转角节点；

5）隐框玻璃板块的固定；

6）幕墙防雷连接节点；

7）幕墙防火、隔烟节点；

8）单元式幕墙的封口节点。

(4) 光伏玻璃幕墙工程质量检验应进行观感检验和抽样检验，并应按下列规定划分检验批，每幅玻璃幕墙均应检验。

1）相同设计、材料、工艺和施工条件的玻璃幕墙工程每 $500\sim1000m^2$ 一个检验批，不足 $500m^2$ 应划分为一个检验批。每个检验批每 $100m^2$ 应至少抽查一处，每处不得少于 $10m^2$；

2）同一单位工程中不连续的幕墙工程应单独划分检验批；

3）对于异形或有特殊要求的幕墙，检验批的划分应根据幕墙的结构、工艺特点及幕墙工程的规模，宜由监理单位、建设单位和施工单位协商确定。

(5) 光伏玻璃幕墙观感检验应符合下列要求：

1）明框幕墙框料应横平竖直；单元式幕墙的单元接缝或隐框幕墙分格玻璃接缝应横平竖直，缝宽应均匀，并符合设计要求；

2）铝合金材料不应有脱膜现象；玻璃的品种、规格与色彩应与设计相符，整幅幕墙玻璃的色泽应均匀；并不应有析碱、发霉和镀膜脱落等现象；

3）装饰压板表面应平整，不应有肉眼可察觉的变形、波纹或局部压砸等缺陷；

4）幕墙的上下边及侧边封口、沉降缝、伸缩缝、防震缝的处理及防雷体系应符合设计要求；

5）幕墙隐蔽节点的遮封装修应整齐美观；

6）淋水试验时，幕墙不应渗漏。

（6）框支承光伏玻璃幕墙工程抽样检验应符合下列要求：

1）铝合金料及玻璃表面不应有铝屑、毛刺、明显的电焊伤痕、油斑和其他污垢；

2）幕墙玻璃安装应牢固，橡胶条应镶嵌密实、密封胶应填充平整；

3）每平方米玻璃的表面质量应符合表 3-3 的规定；

每平方米玻璃表面质量要求　　　　表 3-3

项目	质量要求
0.1～0.3mm 宽划伤痕	长度小于 100mm；不超过 8 条
擦伤	不大于 500mm²

4）一个分格铝合金框料表面质量应符合表 3-4 的规定；

一个分格铝合金框料表面质量要求　　　　表 3-4

项目	质量要求
擦伤、划伤深度	不大于 H 化膜厚度的 2 倍
擦伤总面积（m²）	不大于 500
划伤总长度（mm）	不大于 150
擦伤和划伤处数	不大于 4

注：一个分格铝合金框料指该分格的四周框架构件。

5）铝合金框架构件安装质量应符合表 3-5 的规定，测量检查应在风力小于 4 级时进行。

铝合金框架构件安装质量要求　　　　表 3-5

	项目		允许偏差（mm）	检查方法
1	幕墙垂直度	幕墙高度不大于 30m	10	激光仪或经纬仪
		幕墙高度大于 30m、不大于 60m	15	
		幕墙高度大于 60m、不大于 90m	20	
		幕墙高度大于 90m、不大于 150m	25	
		幕墙高度大于 150m	30	
2	竖向构件直线度		2.5	2m 靠尺，塞尺
3	横向构件水平度	长度不大于 2000mn	2	水平仪
		长度大于 2000mm	3	

续表

	项目		允许偏差 (mm)	检查方法
4	同高度相邻两根横向构件高度差			钢板尺、塞尺
5	幕墙横向构件水平度	幅宽不大于35m	5	水平仪
		幅宽大于35m	7	
6	分格框对角线差	对角线长不大于2000mm	3	对角线尺或钢卷尺
		对角线长大于2000mm	3.5	

注：1. 表中1～5项按抽样根数检查，第6项按抽样分格数检查；

　　2. 垂直于地面的幕墙，竖向构件垂直度包括幕墙平面内及平面外的检查；

　　3. 竖向直线度包括幕墙平面内及平面外的检查。

（7）隐框玻璃幕墙的安装质量应符合表3-6的规定。

隐框玻璃幕墙安装质量要求　　　　　　　　表3-6

	项目		允许偏差	检查方法
1	竖缝及墙面垂直度	幕墙高度不大于30m	10	激光仪或经纬仪
		幕墙高度大于30m，不大于60m	15	
		幕墙高度大于60m，不大于90m	20	
		幕墙高度大于90m，不大于150m	25	
		幕墙高度大于150m	30	
2	幕墙平面度		2.5	2m靠尺，钢板尺
3	竖缝直线度		2.5	2m靠尺，钢板尺
4	横缝直线度		2.5	2m靠尺，钢板尺
5	拼缝宽度（与设计值比）		2	卡尺

（8）玻璃幕墙工程抽样检验数量：每幅幕墙的竖向构件或竖向接缝和横向构件或横向接缝应各抽查5%，并均不得少于3根；每幅幕墙分格应各抽查5%，并不得少于10个。抽检质量应符合本章节第6条或第7条的规定。

注：1）抽样的样品，1根竖向构件或竖向接缝指该幕墙全高的1根构件或接缝；1根横向构件或横向接缝指该幅幕墙全宽的1根构件或接缝；

2）凡幕墙上的开启部分，其抽样检验的工程验收应符合现行国家标准《建筑装饰装修工程质量验收标准》GB 50210的有关规定。

2. 电气系统验收

光伏幕墙电气部分大多数属于隐蔽工程，对于电气部分的验收难度相应较大，本节提供值得关注的几个方面，供读者参考。

（1）电气箱体验收

1）铭牌型号与设计应一致，设备编号应在显要位置设置，需清晰标明负载的连接点和直流侧极性；应有安全警示标志。

2）外观完好，无形变、破损迹象。箱门表面标志清晰，无明显划痕、掉漆等现象。

3）有独立风道的逆变器，进风口与出风口不得有物体堵塞，散热风扇工作应正常。微型逆变器查看链接处是否连接到位，固定处固定可靠。

4）所接线缆应有规格统一的标识牌，字迹清晰、不褪色。

5）箱体门内侧应有电气接线图，接线处应有规格统一的标识牌，字迹清晰、不褪色。

6）箱内接线应牢固可靠，压接导线不得出现裸露铜线。

7）接头端子应完好无破损，未接的端子应安装密封盖。

8）箱体及电缆孔洞密封严密，雨水不应进入箱体内；未使用的穿线孔洞应用防火泥封堵。

9）箱防护等级应满足环境要求，严禁室外采用室内箱体。

10）箱体宜有防晒措施。

（2）安装检查

1）应安装在通风处，附近无发热源，且不应遮挡组件，不应安装在易积水处和易燃易爆环境中。

2）箱体安装应牢固可靠，安装固定处无裂痕，安装高度和间距应合理，满足产品安装手册要求。

3）壁挂式逆变器与安装支架的连接应牢固可靠，不得出现明显歪斜，不得影响墙体自身结构和功能。

4）柜、台、箱、盘的电缆进出口应采用防火封堵措施。

5）设置接地干线，电气设备外壳、基础槽钢和需接地的装置应与接地干线可靠连接。

6）装有电器的可开启门和金属框架的接地端子间，应选用截面积不小于 $4mm^2$ 的黄绿色绝缘铜芯软导线连接，导线应有标识。

7）电缆沟盖板应安装平整，并网开关柜应设双电源标识。

8）如配有储能系统，储能电池需单独放置并做好相应防火措施。

（3）标识标牌工作

1）光伏幕墙光伏安全警示标识：光伏幕墙光伏发电的公共连接点、发电计量箱和用户计量箱等位置应设置电源接入安全标识。材料采用铝箔覆膜标签纸，黄底黑字标识。

①发电计量表箱安全标识：

（a）标签样式（规格 60mm×160mm）如图 3-43、图 3-44 所示。

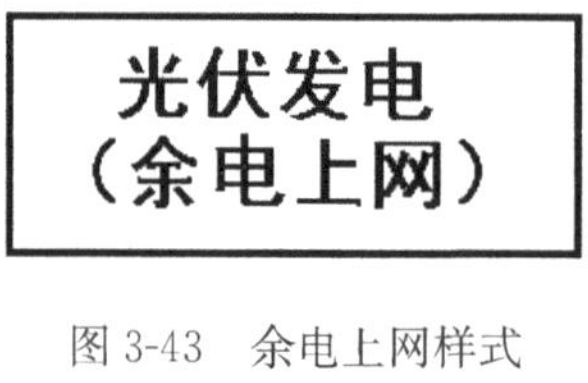

光伏发电 （余电上网）	光伏发电 （全部上网）

图 3-43　余电上网样式 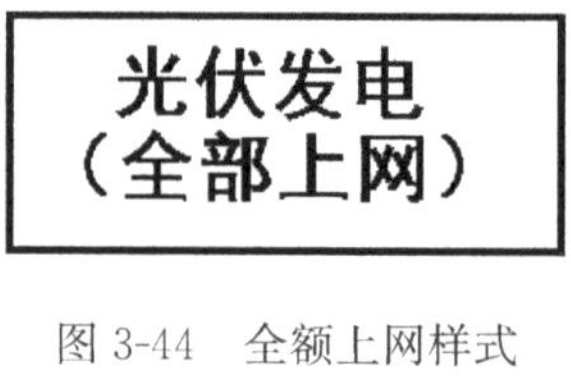　　　　图 3-44　全额上网样式

（b）张贴样式：按上网类型，张贴在表箱正面上沿或中间明显位置，但不应遮挡观察视窗，粘贴应可靠牢固，如图 3-45、图 3-46 所示。

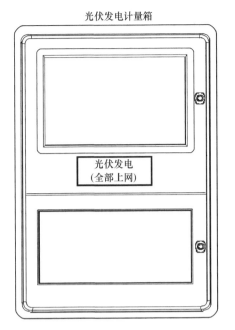

图 3-45　全额上网提示　　　　　图 3-46　余电上网提示

②用电计量表箱安全标识（余电上网）：

（a）标签样式（规格 60mm×160mm）如图 3-47 所示。

（b）张贴样式如图 3-48 所示。

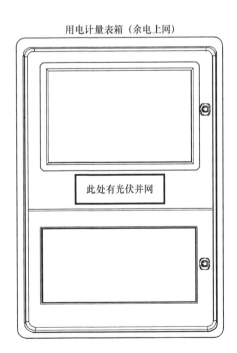

此处有光伏并网

图 3-47　光伏并网点样式　　　　　图 3-48　光伏并网点提示

③发电表箱电源进出类型标识：

（a）标签样式（规格 20mm×40mm）如图 3-49、图 3-50 所示。

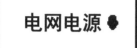 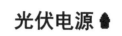

图 3-49　电网电源样式　　　图 3-50　光伏电源样式

（b）张贴样式（粘贴于表箱内底板上）如图 3-51 所示。

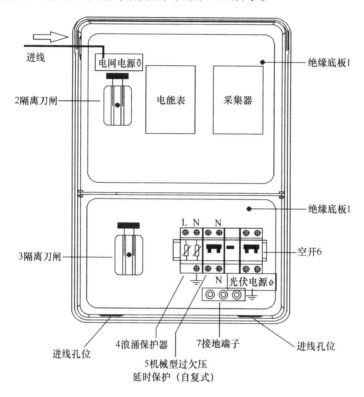

图 3-51　电源进出标识

④公共连接点安全标识：

（a）标签样式（规格 120mm×300mm）如图 3-52 所示。

图 3-52　光伏接入点样式

（b）张贴样式如图 3-53、图 3-54 所示。

⑤配变台区安全标识：

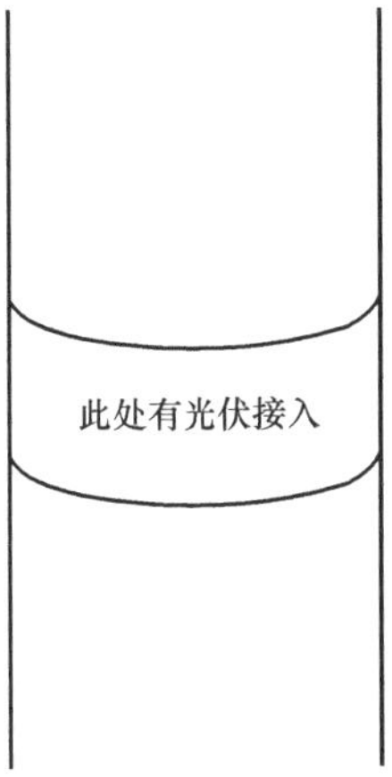

图 3-53　线路光伏 T 接提示 　　　图 3-54　分支箱光伏 T 接提示

（a）标签样式（规格 120mm×300mm）如图 3-55 所示。

台区有光伏接入

图 3-55　台区光伏接入样式

（b）张贴样式如图 3-56 所示。

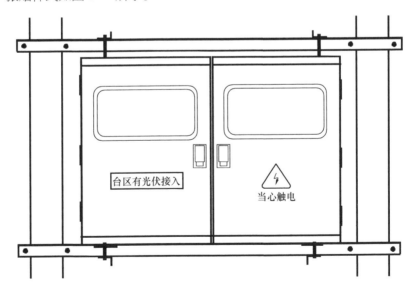

图 3-56　JP 柜配变台区光伏接入提示

（4）资料总结报告

1）项目公司的工程建设总结。

2）设计单位的设计报告。

3）施工单位的施工总结。

4）调试单位的设备调试报告。

5）监理单位的监理报告。

6）质监部门质量监督报告。

（5）验收备查文件、资料

1）工程开工前期的准备资料。

2）土地征用、环境保护等方面的有关合法证书和文件资料。

3）工程项目各阶段的设计、批准及审核文件。

4）施工合同、设备订货合同中有关技术要求文件。

5）输变电、光伏组件、逆变器等产品技术说明书、使用手册、合格证书等。

6）监理、质监部门检查记录和签证文件。

7）各单位工程完工与单机启动调试、试运验收记录、签证文件。

8）历次验收中发现问题的整改、消缺记录与报告。

9）施工记录及有关试验、检验报告。

10）设备、备品配件及专用工器具移交。

3.2

检测

3.2.1　构件的性能要求及检测

光伏幕墙的发电材料可采用晶体硅、硅基薄膜、碲化镉薄膜、铜铟镓硒薄膜、砷化镓薄膜、石墨烯有机薄膜、钙钛矿薄膜、染料敏化薄膜或其他新型光伏发电材料。

光伏幕墙的玻璃宜选用钢化玻璃、半钢化玻璃、夹层玻璃、着色玻璃、彩釉玻璃、镀膜玻璃、压花玻璃、U 形玻璃。玻璃的外观、质量和性能应符合现行国家标准《建筑用安全玻璃　第 2 部分：钢化玻璃》GB 15763.2、《建筑用安全玻璃　第 3 部分：夹层玻璃》GB 15763.3、《建筑用安全玻璃　第 4 部分：均质钢化玻璃》GB 15763.4、《半钢化玻璃》GB 17841、《镀膜玻璃　第 1 部分：阳光控制镀膜玻璃》GB/T 18915.1、《镀膜玻璃　第 2 部分：低辐射镀膜玻璃》GB/T 18915.2，以及现行行业标准《建筑门窗幕墙用钢化玻璃》JG/T 455、《压花玻璃》JC/T 511、《建筑用 U 形玻璃》JC/T 867、《超白浮法玻璃》JC/T 2128 的有关规定。

光伏幕墙可采用双玻夹层结构或三玻夹层结构形式，夹层玻璃应符合现行国家标准《建筑用安全玻璃　第 3 部分：夹层玻璃》GB 15763.3 的有关规定。具有保温功能的光伏幕墙可采用中空、复合保温材料的形式，中空形式光伏幕墙应符合现行国家标准《建筑用太阳能光伏中空玻璃》GB/T 29759 的有关规定。

光伏幕墙当作屋面或墙面使用时，屋面和墙面基层、保温层的材料燃烧性能需要符合国家标准《建筑材料及制品燃烧性能分级》GB 8624—2012 中对 B1 级的规定。

光伏幕墙的性能指标要求需要符合表 3-7 的规定。

光伏幕墙性能指标　　　　　　　　　　　　　　　　　表 3-7

项目	指标	实验方法
抗弯曲强度（Pa）	≥2400	按现行国家标准《地面用薄膜光伏组件设计鉴定和定型》GB/T 18911 的有关规定执行
燃烧性能	≥B1 级	按现行国家标准《建筑材料及制品燃烧性能分级》GB 8624 的有关规定执行
使用寿命（年）	≥25	老化实验

光伏幕墙出厂检验内容如下：符合加工图纸设计要求；外观检测完好整齐，无明显色

差，铭牌齐全；光伏幕墙在标准测试条件下测定的最大功率值与标称值之差，在标称值的±3%范围内；有出厂合格证。

3.2.2 进场检查及检测

光伏幕墙进场时的外观检查包括：光伏幕墙产品应完整，贴有合格标志；每个光伏产品上应标注额定输出功率（或电流）、额定工作电压、开路电压、短路电流。光伏幕墙构件、配件和材料的品种、规格、色泽、性能，符合设计文件的规定。

除以上内容外，还需检查表 3-8 所示内容。

光伏幕墙构件质量检查内容   表 3-8

检查内容		检测要求
构件质量检查	构件外观检查	构件应无破损，整体颜色应均匀一致
		玻璃表面应整洁、平直，无明显划痕、压痕、皱纹、彩虹、裂纹、不可擦除污物、开口、气泡等缺陷
		表面颜色均匀，无可视裂纹，无明显色斑、脏污等
		焊带银白色，且颜色一致，无氧化、黄变、弯曲、露白，无明显偏差
		PVB 应无气泡、脱层等缺陷
		接线盒应无缺损、无机械损伤、无裂痕斑点、无脱落
		边框表面应表面整洁平整、无破损，无开裂，无明显脏污、硅胶残留等
		条形码清晰正确，不遮挡电池，可进行条码扫描
		铭牌标签应清晰正确、耐久
	电性能检查	同一方阵包含的光电建筑构件应为同一类型、同一功率、同一电流挡，不能混装。现场安装光电建筑构件应与采购协议、设计要求、认证证书上规格型号一致。并联的光电建筑构件方阵内的所有光电建筑构件组串均具有类似的开路电压额定电特性和 STC 下的最大功率点电压以及温度系数

光伏幕墙安装前根据参数进行批次抽检测试，抽检测试数量不应少于 5%。抽样检查需符合现行国家标准《计数抽样检验程序　第 1 部分：按接收质量限（AQL）检索的逐批检验抽样计划》GB/T 2828.1 的有关规定。

汇流箱进场时的检查内容如下：汇流箱制造商、产品型号、合格证等基本信息，认证资料齐全，规格型号与采购合同（技术协议）一致；箱体外观应无明显划伤、变形，内部元器件固定牢固可靠；汇流箱工作电压符合光伏发电系统设计要求。

逆变器进场时的检查内容如下：逆变器的制造商、产品型号、合格证等基本信息，认证资料齐全，规格型号与采购合同（技术协议）一致；金属箱体防腐性能良好，无明显锈蚀，通风散热应良好，通风孔无堵塞，风机运转应正常；显示屏具备运行故障记录、故障报警、发电量累计等功能；额定输出功率值，现场接入标称装机容量等符合设计文件的规定。

配电柜进场时的检查内容如下：配电柜的制造商、产品型号、合格证等基本信息，认证资料齐全，配电箱有触电警告标识，外观完好无损，元器件布局与采购合同（技术协议）一致；安装有防雷、过流保护、断路装置；电气连接可靠且接触良好，外壳接地。

线缆进场时的检查内容如下：线缆检测报告及认证证书，规格型号符合设计文件的规定；线缆绝缘层应完好无破损；线缆连接头连接应牢固。

3.2.3　施工检查及检测

施工安装前，施工单位需要会同主体结构施工单位检查现场情况，脚手架和起重运输设备等要具备安全施工使用条件。

光伏幕墙支承结构的铝型材、钢构件加工要求要符合现行行业标准《玻璃幕墙工程技术规范》JGJ 102 的有关规定。

光伏幕墙支承结构要按设计图纸加工制作。支承结构需穿线缆的开孔、豁口等加工位置，加工完成后应去毛刺并做线缆保护措施。

采用硅酮结构密封胶与光伏幕墙构件粘接，注胶前要取得合格的相容性实验报告；双组分硅酮结构密封胶还应进行混匀性蝴蝶实验和拉断实验。

光伏幕墙的接线盒位置，不应与支持结构直接接触，间隙不应小于 3mm。

同一光伏幕墙单元不可跨越建筑物的两个防火分区。

同一光伏幕墙单元不可跨越建筑变形缝。

线缆接头处应采用有防脱落措施的专用线缆连接器。

光伏发电系统的接地设计除应符合现行国家标准《民用建筑电气设计标准》GB 51348 的有关规定外，还应符合下列规定：光伏发电系统的外露可导电部分及设备的金属外壳应与建筑接地系统有效连接；光电建筑构件的金属边框应通过支承结构与建筑主体的接地点可靠连接，连接部位应清除非导电保护层；同一并网点有多台逆变器时，应将所有逆变器的保护接地导体接至同一接地母排上。

3.2.4　系统性能检测

对于光伏幕墙的系统检测包含两部分内容，幕墙系统的性能检测和电气系统的性能检测。

幕墙四性试验检测流程图如图 3-57 所示。

1. 幕墙系统性能检测

（1）抗风压性能试验按现行国家标准《建筑幕墙气密、水密、抗风压性能检测方法》GB/T 15227 的规定进行。点支承幕墙抗风压性能试验样品应与幕墙工程实际结构受力单元状况相同。抗风压性能检测装置如图 3-58 所示。

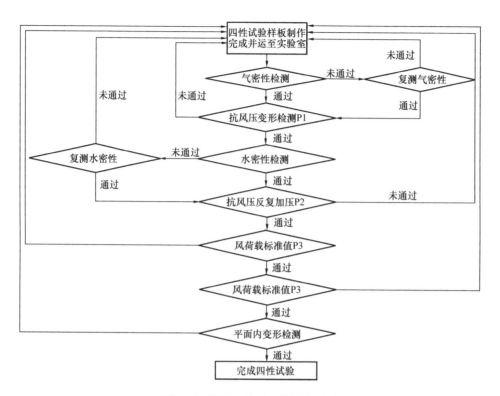

图 3-57 幕墙四性试验检测流程图

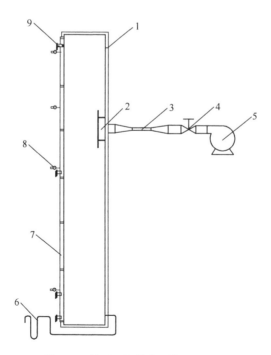

图 3-58 抗风压性能检测装置示意图

1—压力箱；2—进气口挡板；3—风速仪；4—压力控制装置；

5—供风设备；6—差压计；7—试件；8—位移计；9—安装横架

（2）水密性能试验按现行国家标准《建筑幕墙气密、水密、抗风压性能检测方法》GB/T 15227 的规定进行。水密性能定级检验应在抗风压性能、平面变形性能检验之前进行。现场淋水试验参照《建筑幕墙》GB/T 21086—2007 附录 D 的要求进行。

（3）气密性能试验按现行国家标准《建筑幕墙气密、水密、抗风压性能检测方法》GB/T 15227 的规定进行。气密性能定级检验应在水密性能试验和平面内变形性能检验之前进行。

（4）热工性能试验参照现行国家标准《建筑外门窗保温性能检测方法》GB/T 8484 的规定进行。现场热工性能参照《建筑幕墙》GB/T 21086—2007 附录 E 的要求进行。

（5）空气声隔声性能试验参照现行国家标准《建筑门窗空气声隔声性能分级及检测方法》GB/T 8485 的规定进行。幕墙试件面积宜为 $10m^2$。

（6）平面内变形性能试验按现行国家标准《建筑幕墙层间变形性能分级及检测方法》GB/T 18250 的规定进行，平面内变形性能检验应在抗风压性能检验之后进行。振动台试验应按现行国家标准《建筑幕墙抗震性能振动台试验方法》GB/T 18575 的规定进行。

（7）耐撞击性能应按《建筑幕墙》GB/T 21086—2007 附录 F 的要求进行。

（8）光学性能：幕墙采光性能试验参照现行国家标准《建筑外窗采光性能分级及检测方法》GB/T 11976 的规定进行，其他光学性能检验按照现行国家标准《建筑玻璃 可见光透射比、太阳光直接透射比、太阳能总透射比、紫外线透射比及有关窗玻璃参数的测定》GB/T 2680、《玻璃幕墙光热性能》GB/T 18091 规定的检测方法进行。

（9）防雷检验应测量幕墙框架与主体结构之间的电阻，幕墙表面潮湿或其他可能影响测试结果的情况下，不宜进行电阻的测量。

（10）材料与零配件的要求，组件制作工艺、组装质量和外观质量的检验按《建筑幕墙》GB/T 21086—2007 表 77 的有关规定执行。

2. 电气系统性能检测

光伏幕墙施工完成后，需要对光伏发电系统进行性能检测。除常规光伏发电系统检测随系统调试完成外，检测内容还应包括以下内容：防雷、接地、防火等。

新建光伏幕墙发电系统的防雷和接地是与建筑物的防雷和接地系统统一设计的。既有建筑增设光伏发电系统时，应对建筑物原有防雷和接地设计进行验证，不满足设计要求时应进行改造。

防雷测试应符合下列规定：保护装置或连接体应连接可靠，接地连接不应出现连接松动或不完全接触的情况；光伏幕墙构件边框之间、光伏幕墙构件边框与光伏幕墙龙骨之间、光伏幕墙龙骨与接地扁铁之间、逆变器保护接地与接地排保护连接，接地连接电阻不应高于 1Ω。

快速关断防火功能测试应满足下列要求：启动后的 30s 内，交、直流线缆处于光伏幕墙 1m 以外时，电压应不高于 30V；交、直流线缆处于光伏方阵 1m 以内时，电压应不高于 80V；启动的 30s 后，任意相邻光电建筑构件间不应连通，电压测量应在任意两根正负极线缆之间，以及任何线缆与接地之间进行；快速关断连通后，光伏发电系统应恢复正常发电功能。

　　连接器应符合下列规定：额定电压、额定电流不应小于设计相关要求；结构和性能要求应符合现行国家标准《地面光伏系统用直流连接器》GB/T 33765 的有关规定；连接器与线缆连接及连接器相互连接应满足防护等级要求并不应有虚连。

3.3

运维

　　光伏幕墙不同于普通建筑幕墙，它既是建筑物的外围护结构，也是一个小型光伏发电系统，其安全性不容小觑，它的使用及维护有其自身的特点。由于光伏幕墙还未大规模进入建筑市场，一些用户对其各个方面的了解相对较少，如幕墙和电气系统的维护、保养和更换。为了使光伏幕墙在使用过程中不发生安全事故，确保在正常运行条件下达到预期的使用年限，必须对光伏幕墙进行必要的定期维护，并建设有效的监控系统。

　　优质的光伏幕墙系统运维，应在投运前就做好制度、人员和设备的管理。首先是按照光伏幕墙标准化管理要求，委托专业的运维单位建立各类管理制度和编制运行与维护规程，健全光伏幕墙系统运行、检修、试验等技术标准，完善光伏幕墙系统各类台账、报表等工作；人员管理方面，运维人员应熟悉光伏幕墙系统的工作原理及基本结构，掌握光伏幕墙系统运行维护领域的技术标准规范，并经过安全教育培训及电气专业运维技能培训，获得相关培训合格证书，健康状况符合上岗条件；为提高光伏幕墙系统的运行效率和运维效果，宜对光伏幕墙系统配备智能化运维监控系统及智能化运维设备。此外，为保障人身安全，对可能发生事故和危及人身安全的场所均应设置符合现行国家标准的安全标志或涂装安全色。

　　本节将重点针对光伏幕墙和电气设备两个方面的维护保养，提出基本方法和要求，以便使用单位和管理维护者参考，确保各项措施得到落实。一般光伏幕墙发电系统均采用0.4kV及以下并网，本节适用于0.4kV及以下并网系统。

3.3.1　幕墙维护与保养

1. 经常性维护与保养

　　光伏幕墙的经常性维护与保养重点在于明确周期、设备工具和清洁剂的选用。首先在运维周期方面，应根据幕墙面积灰污染程度及业主需要来确定维护和保养幕墙的次数与周期，建议清洗周期每年不少于四次，环境恶劣污染严重的个别光伏幕墙项目可适当增加清洗次数。对光伏幕墙的维护保养宜选择在早晚或阴天进行，不得在四级以上风力及大雨天进行幕墙外侧检查、维护与保养工作。

　　在开展光伏幕墙的维护保养前，运维人员应做好安全准备，切断所有应断开关，并配备符合安全检测并合格的必要工具、防护用品、检测设备和仪表，清洗过程应做好防护，避免撞击和损伤幕墙，确保设备和人员安全。

在设备和工具的选用上，进行检查、清洗、保养与维护时使用的作业机具设备（清洗机、吊篮）应安全可靠、保养良好、功能正常、操作方便，所需更换的备品备件应合格、适用且在有效使用年限内，运行维护应保证系统运行在正常使用的范围之内，达不到要求的部件应及时维修或更换。

在清洗剂的选用上，禁止用有腐蚀性的清洁剂清洗，应选择对玻璃及构件无腐蚀作用的中性清洁剂清洗，清洗后应及时用清水洗刷干净。建议在光伏幕墙清洗前后和同一区域的标杆光伏幕墙进行发电小时数和负荷率曲线对比，分析清洗效果。

需要注意的是，在光伏幕墙的保养与维修工作中，凡属高处作业者，必须遵守现行行业标准《建筑施工高处作业安全技术规范》JGJ 80 等的有关规定。

2. 目视检查

光伏幕墙墙面部件被损坏，例如玻璃的镀层、结构胶的损坏是由于暴露在大气中的结果，例如石油化学烟雾、臭氧、潮气及紫外光辐射的作用。部件损坏的速度与其化学成分、物理结构与有害作用的剧烈程度有关，查明原因后，确定更换的时间及方法。

光伏幕墙墙面部件的损坏，可以用目视检查的方法进行检测，首先是观察光伏幕墙整体外观是否清洁、明亮、无污渍，铝型材颜色有无变化；其次是油漆及硅胶是否开裂或出现裂缝，油漆是否起皮或变成粉末；最后观察硅胶粘结性能有无变化。

结构胶的目视检查，可以按需要进行，一般与幕墙的清洗周期相重合，建议至少一年两次并且应由具有熟悉硅密封胶技术的工程师进行。凡发现幕墙及其可启闭部分有密封性差、漏水、零件脱落或操作不灵活等情况，应随时修复或更换零件。

3. 定期检查与维修

光伏幕墙竣工验收后，在保修期内，如有不符合质量要求及不能正常运行之处，工程承包单位有义务将其修复。但因人为损坏及自然性灾害、意外灾害而造成损害的，不在保修范围之内。因此在保修期内，使用单位应会同幕墙工程承包单位每年进行一次全面性的检查。此后，每隔五年全面检查一次。在使用十年后，应对工程不同部位的硅酮结构胶进行粘结性能的抽样检查，此后每三年检查一次。幕墙的定期检查项目可参考表 3-9。

幕墙的定期检查项目　　　　　　　　　　　　　　　　　　　表 3-9

序号	检查项目
1	幕墙整体是否变形、错位、松动
2	主要承力构件、连接件和连接螺栓等连接是否可靠、有无锈蚀
3	光伏面板、外露构件有无松动和损坏
4	光伏面板有无遮挡，表面是否出现玻璃破裂或热斑，背板是否灼焦，颜色有无明显变化
5	光伏面板接线盒有无变形、扭曲、开裂或烧损，接线端子是否良好连接
6	硅酮胶有无脱胶、开裂、起泡，胶条有无脱落、老化等损坏现象
7	开启窗是否启闭灵活，五金件是否有功能障碍或损坏，螺栓和螺钉是否松动和失效
8	幕墙有无渗漏，排水系统是否通畅

上述检查不符合要求的，应及时进行维修和更换，维修和更换应符合原设计要求。此外，还应定期对每一串光伏幕墙面板的电流进行监测，对偏离值较大的需查明原因。

应对恶劣天气和突发事件时，应单独对光伏幕墙进行巡检。在台风预警发布后应对光伏幕墙进行一次全面的防台风巡检，确保光伏面板及其他电气设备固定牢固，防止被大风吹落；在连续高温、连续低温天气情况下，应对幕墙加强巡查，采取防护措施；在遭受冰雹、台风、雷击、地震等自然灾害或发生火灾、爆炸等突发事件后，安全维护责任人或其委托的具有相应资质的技术单位，要及时对可能受损建筑的幕墙进行全面检查，并按损坏程度对幕墙进行全面评价及提出处理意见；根据灾后检查结果提出修复加固方案，报经有关专业部门审批后，应由光伏幕墙专业施工队伍进行施工。

4. 光伏面板的更换

当检查后发现幕墙的光伏面板须更换时，主要包含以下几个步骤：

（1）更换光伏面板前，必须断开与之相应的汇流箱开关、支路保险及相连的组件接线；

（2）确定待更换的光伏面板位置，核对设计图纸，明确其四周边框情况；

（3）清洁所需更换的光伏面板边框；

（4）除去玻璃之间的密封胶及泡沫条等填塞物；

（5）松下压块上的不锈钢自攻螺钉或螺栓，取下压块及需更换的面板组装件；

（6）清理并检查边框局部状况及其他配件状况，确定是否需同时更换；

（7）装上新面板组装件，用压块压紧；

（8）塞泡沫条，打耐候胶密封；

（9）清理现场；

（10）更换完毕后，必须测量开路电压，并进行记录。

光伏幕墙面板的更换，由光伏幕墙专业施工队伍进行，以免可能发生非常规操作而引起意外的事故，或必须由具有幕墙施工资质的操作人员进行。

3.3.2 电气设备运行与维护

1. 巡视检查的一般要求

光伏幕墙发电系统中电气部分应该重点关注配电室、逆变器、直流汇流箱、直流配电柜、变压器、接地与防雷系统、继电保护及自动装置、开关站设备等。

（1）在开展配电室的巡视检查工作时，建议按照下列要求进行：

1）配电室必须将门窗锁好，做好防止小动物进入措施，禁止无关人员私自进入配电室。

2）高压配电室巡检应与带电设备保持足够的安全距离：10kV 及以下，0.7m；35kV，1.0m；110kV，1.5m；220kV，3.0m。运行中禁止打开变压器室网门和高压配电柜后柜门。

3）检查室内配电装置，应保持足够安全距离，严禁把头、手伸进柜内，以防触电。巡检时应带好必要的安全工器具（手电筒、测温仪、钳形表等），并用电工包背好。

4）女性工作人员必须把长发盘在安全帽内，上班期间严禁穿高跟鞋，防止摔伤事故。

5）运行中禁止随意解除电气闭锁装置，任何运行中的接地装置都应视为带电设备，巡检时禁止触摸。

6）巡检时严禁做与工作无关的事情，发现异常应及时汇报，禁止单人进行任何检修工作。

7）巡检时若发现无票工作，应立即制止，令其停止工作，并将所有人员劝离现场，同时报告值班负责人。

8）巡检时如遇电气设备着火，应立即将有关设备电源切断，然后进行救火。对电气设备应使用干式灭火器灭火，不得使用泡沫灭火器；对注油设备应使用泡沫灭火器或干燥的沙子等灭火。

（2）在开展主要电气设备的巡视检查工作时，建议按照下列要求进行：

1）光伏幕墙电气设备巡检周期每月至少一次。

2）巡检中不得进行其他工作，不得移开或跨越遮拦。

3）巡检中绝对禁止触及设备的裸露部分。

4）巡检时，应根据设备具体情况、特点和安全的要求，采用眼看、耳听、手摸、鼻嗅的方法，认真仔细地检查设备，并带电笔、手电筒、测温仪等检查用具，以保证检查质量。

5）巡检时，应佩戴必备的安全装备，携带必要的工具。

6）巡检中发现的设备缺陷，应采取必要的安全措施，并及时向上一级汇报。

7）巡检完成后必须将开关柜、保护屏、端子箱、控制盘等的柜门关好。

8）后台监控系统发现明显缺陷或疑似异常情况时应立即安排人员就地巡检，消除设备隐患。

2. 巡视检查内容

针对光伏幕墙系统中的逆变器、直流汇流箱和直流柜等主要电气设备，表 3-10 列出了运维人员在开展巡视检查过程中所需要检查的内容，以及常见故障处理措施，以供参考。

光伏幕墙系统主要电气设备巡检内容　　　　　　　　　　表 3-10

电气设备	序号	检查内容
逆变器	1	检查逆变器交流输出三相电压、交流电流是否平衡
	2	检查逆变器输入直流电压、直流电流、直流功率是否超限
	3	检查逆变器有功功率、无功功率、日发电量、累计发电量
	4	检查逆变器外观是否完整且干净无积灰
	5	检查逆变器柜门闭锁是否正常
	6	逆变器防尘网清洁完整无破损

续表

电气设备	序号	检查内容
逆变器	7	设备标识标号齐全、字迹清晰
	8	逆变器内部接线正确、牢固、无松动,无异味、无异常温度上升
	9	逆变器相应参数整定正确、保护功能投入正确
	10	逆变器运行时各指示灯工作正常,无故障信号
	11	逆变器运行声音无异常
	12	逆变器显示屏图像、数字清晰
	13	逆变器各模块运行正常,运行温度在正常范围
	14	逆变器直流侧、交流侧电缆无老化、发热、放点迹象
	15	逆变器直流侧、交流侧开关位置正确,无发热现象
	16	逆变器室环境温度在正常范围内,通风系统正常
	17	逆变器工作电源切换回路工作正常,必要时进行电源切换试验
	18	用红外线测温仪测量电缆沟内逆变器进出线电缆温度
直流汇流箱	1	经常检查汇流箱的封闭情况,检查有无渗漏水、积灰情况
	2	直流汇流箱外观干净无积灰、设备标号无脱落,设备标号字迹清晰准确
	3	直流汇流箱进出线电缆完好,无变色、掉落、松动或断线现象
	4	检查各连接部有无松动、发热、变色、异味、断线等异常现象,并及时处理,各电气元件在运行要求的状态
	5	防雷模块无击穿现象
	6	直流汇流箱的直流开关配置正确,无脱扣,保护定值正确
	7	直流汇流箱柜体接地线连接可靠;断裂、脱落及时向当班值班长汇报并进行处理
	8	采集板电源模块运行指示灯亮,各元件无异常,检查数据采集器指示正常,信号显示与实际工况相符
	9	CPU 控制模块运行指示灯亮,告警指示灯灭
直流配电柜	1	直流防雷配电柜本体正常,无变形现象
	2	直流配电柜的门锁齐全完好,照明良好
	3	直流配电柜标号无脱落、字迹清晰准确
	4	直流防雷配电柜内清洁无积灰
	5	直流柜二极管冷却风扇及其他排风扇运行正常无卡涩现象
	6	直流配电柜柜内无异响、无异味、无放电现象
	7	直流配电柜内电缆连接牢固,无过热、变色的现象,进出线电缆完好无破损、无变色。柜内各连接电无过热现象
	8	检查直流防雷配电柜接地线连接良好
	9	检查断路器的位置信号是否与断路器实际位置相对应
	10	支路进线电源开关位置准确,无跳闸脱扣现象
	11	各支路进线电源开关保护定值正确,符合运行要求
	12	电流表、电压表指示正常,与逆变器直流侧电压、电流指示基本相等
	13	检查配电柜身和周围无影响安全运行的异常声响和异常现象,如漏水、掉落杂物等
	14	检查时不得碰触其他带电回路,使用的工具确保绝缘良好,防止造成接地或短路,现场检查人员最少两个人一组,相互监护作业

续表

电气设备	序号	检查内容
其他电气设备	1	继电保护及自动装置二次回路辅助开关动作准确可靠，指示正确，并在规定期内进行试验合格记录
	2	断路器保护装置显示正常，按键灵敏可靠；断路器保护装置动作正确，分合闸正常，指示正确
	3	开关站设备机械闭锁、电气闭锁应动作准确、可靠
	4	屏柜门应以裸铜软线与接地的金属构架可靠地连接
	5	低压开关柜上的仪表及信号指示灯、报警装置完好齐全、指示正确
	6	开关的操作手柄、按钮、锁键等操作部件应做相关标识
	7	装有低压电源自投装置的开关柜，定期做投切试验，检验其动作的可靠性
	8	低压开关柜前后的照明装置且齐备完好，事故照明投用正常
	9	断路器的摇进、摇出无卡涩，指示正确
	10	断路器的分合闸按钮动作灵活可靠，储能装置正常，指示正确，并定期试验

3. 缺陷评估与故障处理

在开展光伏幕墙系统电气设备的巡视检查中，对设备缺陷应按等级进行监视评估，加强管理，以阻止事故的发生，通常分为紧急缺陷、重要缺陷和一般缺陷三个部分。

紧急缺陷是指威胁人身及设备安全、严重影响出力、设备使用寿命及供电质量，有可能发展成为事故，必须当即处理的缺陷。

重要缺陷是指缺陷比较大，对设备出力、使用寿命及正常运行有一定影响，发展下去对人身和设备安全威胁的缺陷，但通过加强监视或采取适当的措施能继续运行并应限时处理的缺陷；

一般缺陷是指对人身安全和设备使用没有立即影响，且不致发展成重要缺陷，但在运行中应注意监视，需列入检修计划的缺陷。

本节针对光伏幕墙系统主要设备的缺陷类型进行了举例，如表 3-11 所示。

光伏幕墙系统主要设备缺陷类型举例　　　　　表 3-11

类别	序号	一般缺陷	重要缺陷	紧急缺陷
光伏面板	1	组件功率衰退	组件隐裂	MC4 插头烧毁
	2	组件开路电压低	组件钢化玻璃破碎	背板烧毁
	3	组件表面积尘	组件热斑	接线盒过热变形
直流汇流箱和直流配电柜	1	直流电压表故障	柜体内部件高温	接线端子烧毁
	2	直流电流表故障	监控告警	断路器故障
	3	箱体外观锈蚀	防雷器失效	防反二极管烧毁
	4	标牌老化	直流保险丝开路	—
交流汇流箱和低压配电设备	1	交流电压表故障	柜体内部件高温	接线端子烧毁
	2	交流电流表故障	监控告警	断路器故障
	3	箱体外观锈蚀	防雷器失效	设备绝缘老化漏电
	4	标牌老化	直流保险丝开路	—

续表

类别	序号	一般缺陷	重要缺陷	紧急缺陷
逆变器	1	电网电压异常	通信问题	停止工作，无功率输出
	2	箱体外观锈蚀	显示屏故障	滤波电容鼓包，失效
	3	标牌老化	风机故障	电网电压异常
	4	发电效率偏低	防雷器失效	告警绝缘阻抗低
	5	—	传感器告警	接线端子烧毁

逆变器发生故障停机后，应立即检查报警信息，对照故障代码判断故障原因，采取相应措施。如无明显故障可重新启动一次，检查逆变器是否能自检通过自动并网，如故障无法修复时及时联系厂家协助。

如直流输入出现故障，应检查直流侧断路器是否合好，直流输入是否正常。

如电网电压出现异常，应检查交流侧断路器是否合好，检查低压侧电压是否正常。

如逆变器温度过高，应检查逆变器交流风机是否正常，检查柜体滤网是否堵塞，检查逆变器室通风是否正常，检查温度测量装置是否正常。

如绝缘阻抗异常，应用万用表测量判断接地的汇流箱，判断是汇流箱主电缆接地还是支路接地。如果是汇流箱主电缆接地，断开汇流箱主断路器及逆变器直流柜相应断路器，排查接地缺陷；如果是支路接地，断开该支路，投入汇流箱运行，排查接地支路接地缺陷。

如直流断路器跳闸，应检查断路器容量是否合适，定值是否正确，断路器接线有无过热现象，检查出现电缆有无异常，各支路电压是否异常，极性是否正确，若未发现异常，对直流开关进行分合操作一次。

如直流防雷汇流箱内数据采集器出现故障，应在停电状态下进行更换。

如数据采集装置出现异常，应检查采集板运行显示是否正常，若无显示，检查采集板电源模块运行指示灯是否正常，若不正常，检查电源模块保险是否熔断，电源模块是否烧损，若发现保险熔断、电源模块或采集板烧损，办理工作票进行更换处理。若电源模块、采集板工作正常，则应检查 RS 485 通信串接电缆是否正常，通信线接头是否松动。

如发现直流防雷汇流箱内部接线头发热、变形、熔化等现象时，应拉开直流输入开关，再取下直流防雷汇流箱内熔断器，断开光伏幕墙组件输入该汇流箱的串并接电缆接头后，方可开始处理工作。

4. 智能化监控

在光伏幕墙系统的通信监控方面，严禁对运行中的监控系统断电，监控系统出现数据混乱或通信异常时，应立即检查并上报；后台机中操作断路器时，对其他设备不得进行越限操作；监控及数据传输系统的设备应保持外观完好，螺栓和密封件应齐全，操作键接触良好，读数显示清晰；对于无人值守的数据传输系统，系统的终端显示器每天宜至少检查一次有无故障报警；数据传输系统中的主要部件，凡是超过使用年限的，均应及时更换；监控主机应具备实时显示电站的发电量、发电功率等指标数据。

监控系统正常运行时应进行以下检查：1）检查后台机电电源运行是否正常，有无告警信号；2）检查监控系统通信是否正常，各数据显示指示是否正确；3）检查监控窗口各主菜单有无异常。

5. 运行指标综合管理

（1）运行指标定义

为帮助读者有效判断光伏幕墙系统的运行情况，本节特别列出光伏幕墙系统相关的运行指标及其相关定义，以供参考。

1）等效利用小时数：在统计周期内，光伏幕墙发电量折算到该站全部装机满负荷运行条件下的发电小时数，也称作等效满负荷发电小时数。

2）综合效率：光伏系统的交流输出电能与输入电能的比值，可以用来说明系统可靠性和系统的效率水平。

3）逆变器停机小时数：在太阳能辐射强度达到光电设备正常发电的条件下，全站逆变器在统计时间内的正常停机和故障停机总小时数。

4）光伏幕墙损耗：逆变器损耗是指在统计周期内，逆变器将光伏方阵输出的直流电量转换为交流电量（逆变器输出电量）时所引起的损耗。

5）逆变器的转换效率：在统计周期内，逆变器将直流电量转换为交流电量的效率。

6）离散率：逆变器的输出功率离散率主要是评估光伏幕墙电气所有逆变器的整体出力情况，离散率数值越小，说明逆变器交流功率曲线越集中，逆变器整体运行情况越一致、稳定。光伏幕墙某台逆变器所带汇流箱组串电流的离散率，反映了该逆变器下所有汇流箱支路的整体运行情况，离散率数值越小，说明各汇流箱支路电流曲线越集中，发电情况越稳定。

（2）运行指标的管理

光伏幕墙系统的等效利用小时数是评估光伏幕墙发电能力的重要指标。光伏幕墙管理者可通过对比等效利用小时数来了解光伏幕墙的发电能力。如果光伏幕墙的等效利用小时数指标低于其他光伏幕墙，可能是因为光伏幕墙所在位置的太阳能资源条件不同，也可能是光伏幕墙发电能力较低，运维情况较差。需要进一步分析光伏幕墙的综合效率指标，评估该光伏幕墙的运行水平。

光伏幕墙系统的综合效率是评估光伏幕墙运行水平的关键指标，如果光伏幕墙的综合效率低于其他光伏幕墙，说明该光伏幕墙的运行水平还有提升空间，需要加强的运维和管理，提高光伏幕墙的发电量，进一步提高光伏幕墙收益。接下来可以进一步分析光伏幕墙损耗，找出光伏幕墙等效利用小时数和综合效率偏低的主要原因。

逆变器停机小时数包括故障停机时间、正常检修维护停机时间和限电停机时间。在实际分析逆变器停机小时数时，需要结合同一时间的逆变器运行状态、逆变器交流功率和逆变器发电量三个参数联合判断出是否是逆变器故障停机，进而评估逆变器故障停机损失电量；而限电和检修维护造成的逆变器停机小时数则需要结合光伏幕墙运行记录进行区分。

在排除限电、检修维护和逆变器设备故障等因素后，需要进一步分析光伏幕墙的电量损耗，并结合其他指标进一步分析电量损耗产生的原因，逐项排除主变、箱变、集电线路、逆变器等设备性能的问题，并将光伏幕墙问题的范围缩小至电池组串级别。

如果光伏幕墙电量损失主要与设备本身性能有关，其损耗主要由设备性能、转换效率或线损导致，那么，光伏幕墙的逆变器转换效率和光伏方阵转换效率的分析结果会相对偏低。

若排除逆变器设备故障问题，则需要引入逆变器输出功率离散率和汇流箱组串电流离散率，进一步分析逆变器所带电池组串是否正常运行。如果光伏幕墙同一型号逆变器输出功率离散率偏大，则说明光伏幕墙存在输出功率较低的逆变器，针对输出功率较低的逆变器查看汇流箱组串电流离散率，如果汇流箱组串电流离散率偏高，其原因可能有两种：一种是汇流箱通信异常，而电池组串、汇流箱和逆变器实际正常运行；另一种是故障导致的组串电流异常，如电池板损坏、杂草遮挡、MC 插头断开或损坏、汇流箱保险烧坏等。

第 4 章

实际案例全过程

4.1

项目概况和要求

杭州某办公大楼建筑面积约 57500m² (见图 4-1), 总用电负荷为 9600kVA, 年均总用电量 402.5 万 kWh, 其中 4% 的用电量由光伏发电提供, 建筑师允许光伏系统安装部位为所有非玻璃幕墙部位与南立面玻璃幕墙的顶部三层和屋顶空余位置 (见图 4-2 ~ 图 4-7)。系统需与建筑一体化设计, 和谐协调。

本项目地处经济发达区域, 项目地电力系统发达, 电力供应有保障, 考虑并网型光伏储能系统。本建筑属于大型办公大楼, 白天用电负荷较大, 完全可消纳光伏所产生电量。

图 4-1　项目效果图 (鸟瞰)

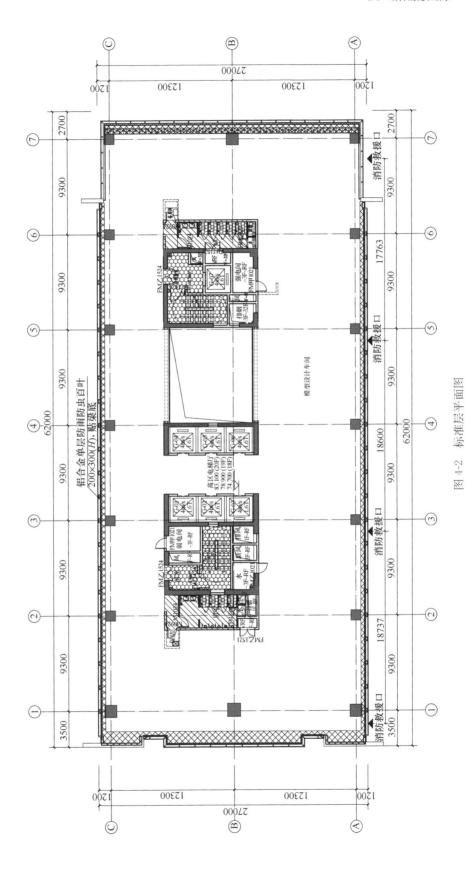

图 4-2 标准层平面图

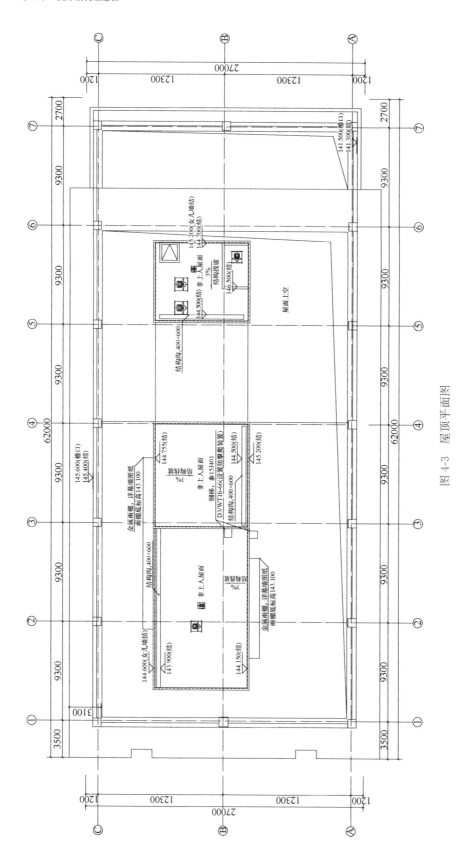

图 4-3 屋顶平面图

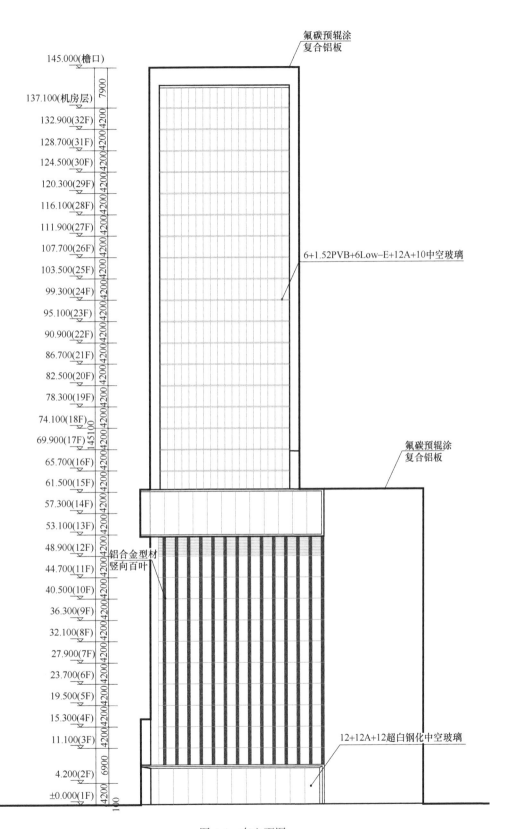

图 4-4　东立面图

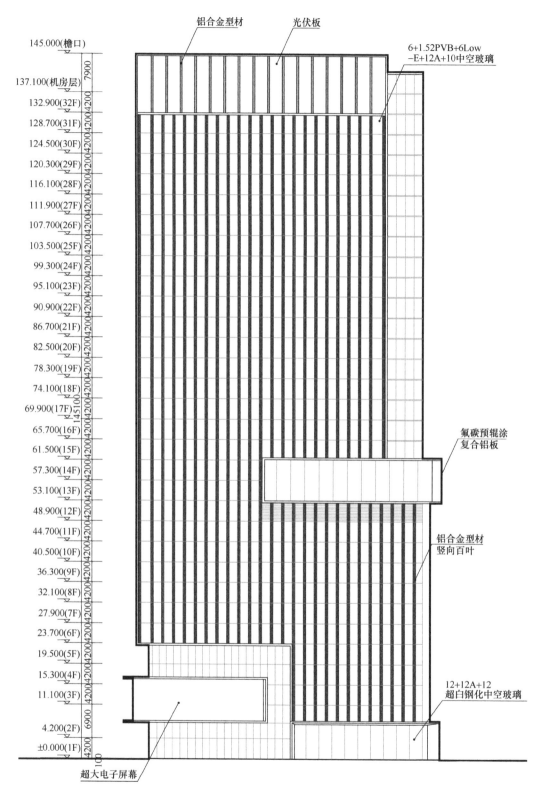

图 4-5　南立面图

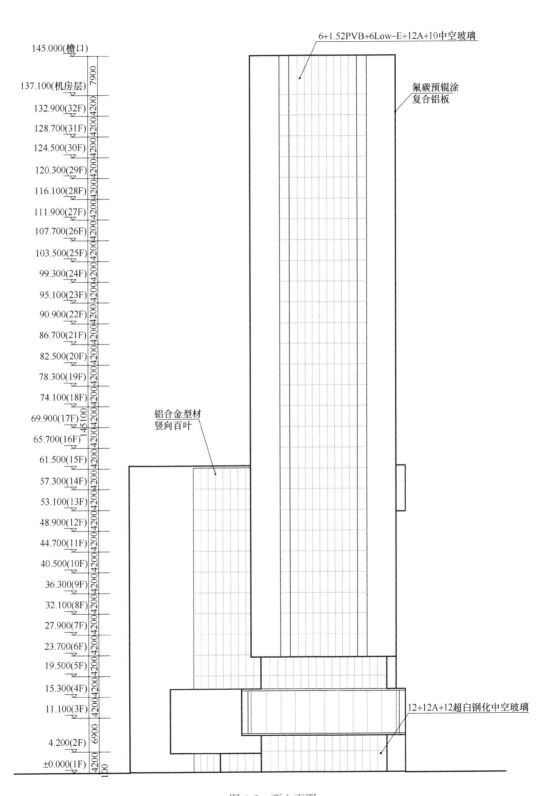

图 4-6　西立面图

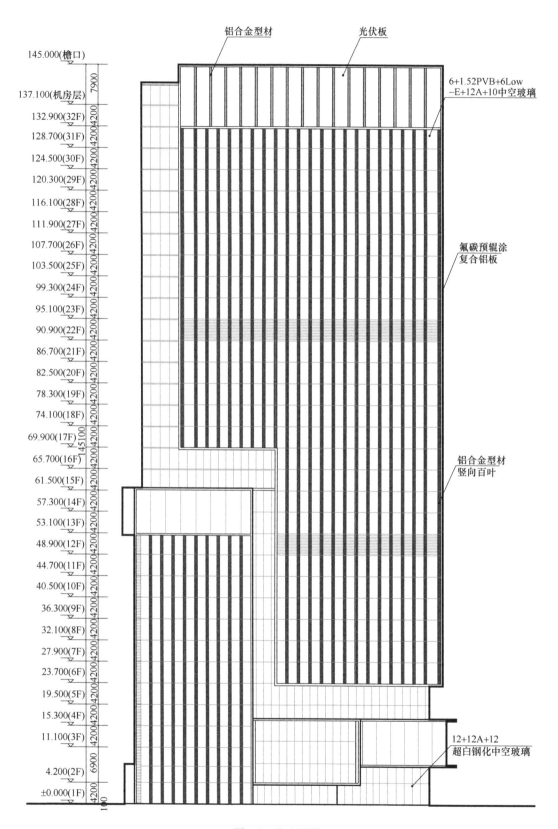

图 4-7   北立面图

4.2

光伏幕墙系统方案设计

1. 设计前期准备与分析

（1）本项目为二星级绿色建筑，总用电负荷为9600kVA，年均用电量为402.5万kWh，其中4%的用电量由太阳能发电提供，需要太阳能提供年发电量为16.1万kWh。根据模拟软件得出，杭州地区屋顶平面年均发电小时数约为1000h，东立面年均发电小时数约为560h，南立面年均发电小时数约为590h，西立面年均发电小时数约为560h，北立面年均发电小时数约为350h。按照发电量要求，结合各个面可安装面积及光伏选型，确定最终各个安装面积。

（2）效果要求。本项目由三个部分组成：南立面光伏玻璃幕墙系统、西立面仿铝板光伏幕墙系统和采光顶光伏储能系统。

1）顶部3层南立面光伏玻璃幕墙系统，根据建筑师的要求，颜色同大面玻璃幕墙，经市场调研，碲化镉薄膜光伏组件能够较好地实现效果要求（见图4-8）。

图4-8 顶部3层南立面光伏幕墙

参考项目：嘉兴科创中心。该项目于2018年竣工，其立面采用了常规玻璃幕墙和光伏幕墙两种类型，进行组合应用，色彩基本保持一致。如图4-9所示，斜面为碲化镉光伏组件。

图 4-9   嘉兴科创中心光伏幕墙

2）西立面及屋顶女儿墙顶部仿铝板光伏幕墙系统，颜色为浅灰白色。光伏板效果达到与金属板颜色基本一致，如图 4-10 所示。

图 4-10   西立面及屋顶女儿墙顶部仿铝板光伏幕墙

采用钙钛矿薄膜光伏组件，参考案例：衢州某公园用房。该项目于 2020 年竣工，其立面采用了铝单板和钙钛矿光伏面板两种材料，进行组合应用，色彩基本保持一致。如图 4-11 所示，其中线圈处为光伏板。

图 4-11 衢州某公园用房光伏幕墙

3）采光顶光伏储能系统采用单晶硅光伏面板与碲化镉光伏面板组合应用，形成图案。

参考案例：北京腾讯，如图 4-12 所示，采光顶局部采用单晶硅光伏面板，形成"20"图案。

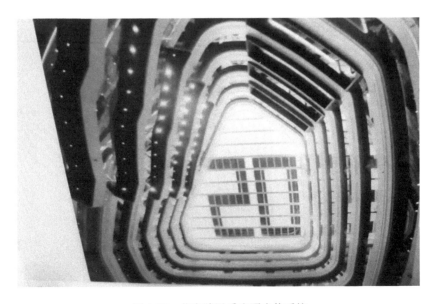

图 4-12 北京腾讯采光顶光伏系统

（3）根据模拟软件数据，顶部 3 层南立面光伏幕墙 650m²，使用 40％透光碲化镉薄膜组件 224 块，组件功率 252Wp，总安装功率 56.448kWp，年发电量 3.33 万 kWh；西立面金属板幕墙 1484m²，使用浅灰色钙钛矿组件 880 块，组件功率 235Wp，总安装功率

206.8kWp,年发电量11.58万kWh;光伏采光顶透明部分面积64m²,使用20%透光碲化镉薄膜组件30块,组件功率252Wp,总安装功率7.56kWp,年发电量0.76万kWh,不透明部分面积22m²,使用单晶硅组件10块,组件功率450Wp,总安装功率4.5kWp,年发电量0.45万kWh。三块区域合计安装容量275.308kWp,年发电量16.12万kWh,满足绿色建筑二星级对于光伏年发电量要求。

2. 光伏幕墙设计

(1)构件选型

1)南立面光伏玻璃幕墙系统

建筑部位:顶部三层南立面光伏幕墙(见图4-8箭头指示处);

光伏面板:6(半钢化)+1.52PVB+3.2(碲化镉)+1.52PVB+6(半钢化Low-E)+12A+10(超白钢化)中空夹层玻璃,规格为1200mm(宽)×2400mm(高);

受力龙骨:立柱采用牌号为6063-T6铝合金型材,横梁采用牌号为6063-T5铝合金型材,表面室外部分氟碳喷涂,室内部分粉末喷涂。

2)西立面及屋顶女儿墙顶部仿铝板光伏幕墙系统

建筑部位:西立面金属板幕墙(见图4-13);

主要面板:3.2(半钢化)+1.4(钙钛矿)+3.2(半钢化)光伏组件;

受力龙骨:横梁立柱均采用Q235钢型材,表面热浸镀锌处理。

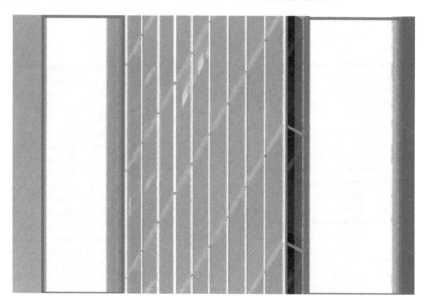

图4-13 西立面金属板幕墙

3)采光顶光伏储能系统

建筑部位:屋顶采光顶部位(见图4-14);

主要面板:

单晶硅面板采用6(半钢化)+1.52PVB+单晶硅+1.52PVB+6(半钢化)+12A+6(半

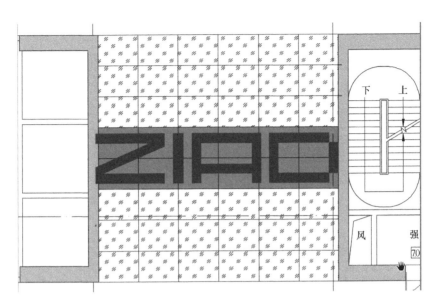

图 4-14　采光顶光伏储能系统

钢化)＋1.14PVB＋6(半钢化)中空夹层玻璃；

　　碲化镉面板采用6(半钢化)＋1.52PVB＋3.2(碲化镉)＋1.52PVB＋6(半钢化)＋12A＋6(半钢化)＋1.14PVB＋6(半钢化)中空夹层玻璃，透光率40％；

　　受力龙骨：采用 Q235 钢型材为主要受力龙骨，表面氟碳喷涂处理，通过铝合金型材连接玻璃及光伏组件。

　　(2) 节点构造

　　1）南立面光伏玻璃幕墙系统：根据建筑师要求，幕墙采用竖明横隐，其节点构造如图 4-15 所示。

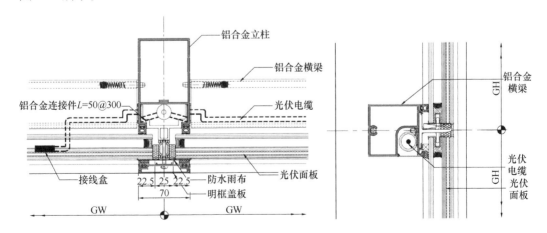

图 4-15　南立面光伏玻璃幕墙系统节点构造

　　2）西立面仿铝板光伏幕墙系统节点构造如图 4-16 所示。

　　3）采光顶光伏储能系统节点构造如图 4-17 所示。

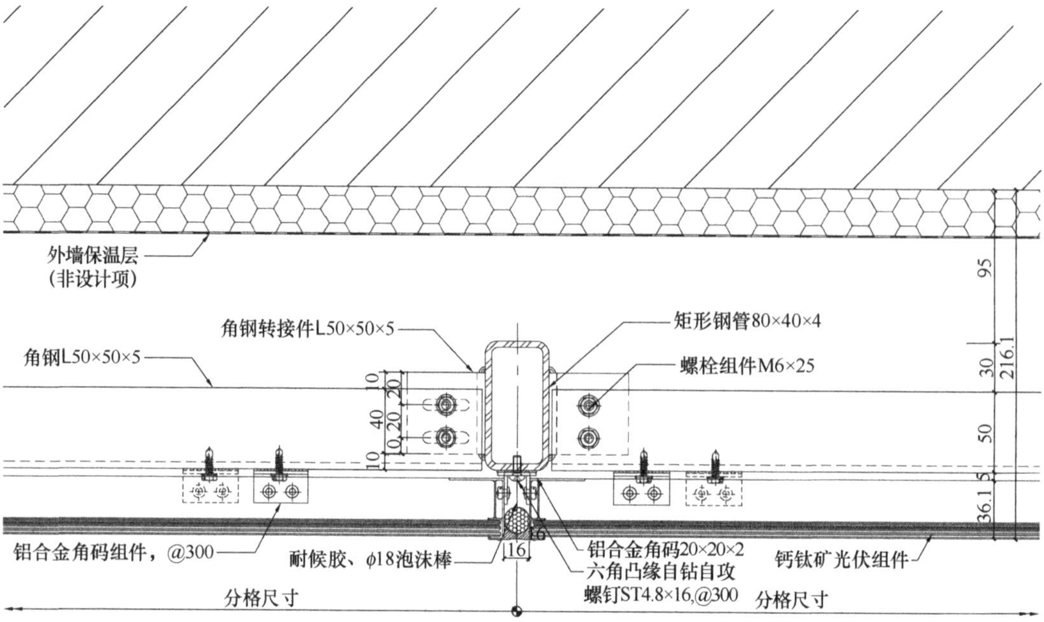

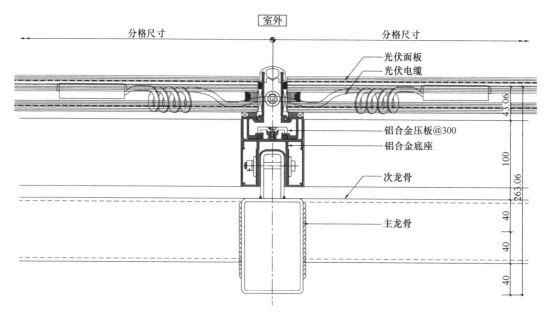

图 4-16 西立面仿铝板光伏幕墙系统节点构造

图 4-17 采光顶光伏储能系统节点构造

（3）设备选型

本项目光伏并网系统主要设备由光伏组件、直流汇流箱、并网逆变器、光伏并网柜组成（见图 4-18）。

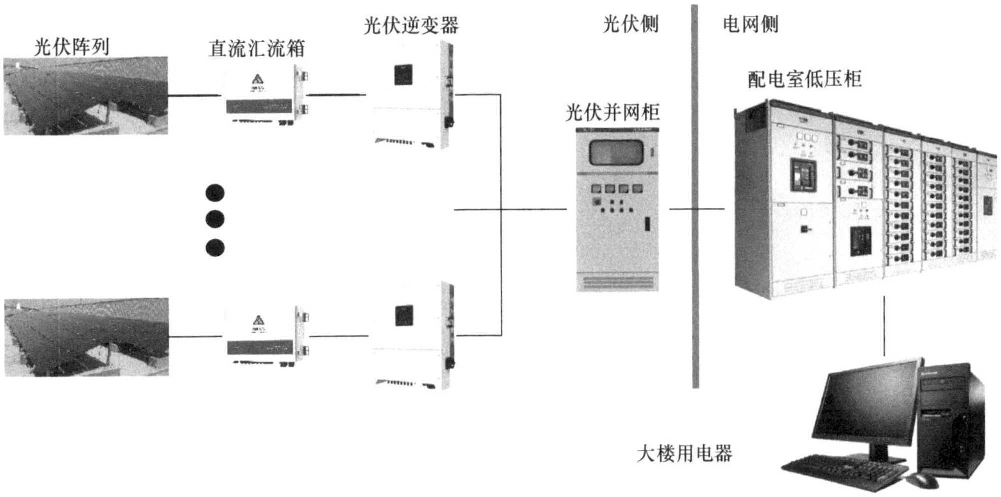

图 4-18　项目光伏并网系统主要设备

上文中已确定光伏组件，此次不再进行设备选型。

直流汇流箱选型：由于本项目为办公用建筑，人员接触较多，汇流箱选型尽量考虑安全配置。选用直流智能防雷防反汇流箱，具备监控采集、防雷保护、防反流保护等功能，防护等级为 IP65，满足户外使用。

并网逆变器选用三相低压并网逆变器，同时具备防孤岛保护、过流（压）保护、防雷保护等安全防护功能，防护等级为 IP65，满足户外使用。

光伏并网柜选型：配置断路器具备短路瞬时、长延时保护功能和分励脱扣、欠压脱扣功能，线路发生短路故障时，线路保护能快速动作，瞬时跳开；需配置体现明显断开点的隔离开关；预留标准计量表安装空间。

（4）电气系统设计

本项目电气系统设计原理图如图 4-19 所示。根据光伏组件串并联设计原则，南立面顶层立面碲化镉薄膜组件共 224 块，采用 7 块 1 串，共 32 串，4 串并联输入 1 台 4 路直流汇流箱，共使用 8 台 4 路直流汇流箱。8 台汇流箱接入 1 台 60kW 并网逆变器，一共使用 1 台 60kW 并网逆变器。直流汇流箱设置在强电井内，并网逆变器设置在屋面。

西立面金属板幕墙使用钙钛矿薄膜组件共 880 块，采用 22 块 1 串，共 40 串，20 串组件接入 1 台 100kW 并网逆变器，一共使用 2 台 100kW 并网逆变器。并网逆变器设置在一层光伏专用机房。

光伏采光顶碲化镉薄膜组件共 30 块，采用 6 块 1 串，共 5 串，5 串并联输入 1 台 5 路直流汇流箱，共使用 1 台 5 路直流汇流箱；单晶硅组件共 10 块，采用 10 块 1 串，共 1 串。碲化镉组件和晶硅共 2 路接入 1 台 12kW 并网逆变器，一共使用 1 台 12kW 并网逆变器。直流汇流箱设置在屋面，并网逆变器设置在屋面。

本项目光伏总装机功率为 275.308kWp，采用单点接入小于 400V 低压并网接入，并网电压为三相 380V50Hz，光伏并网柜采用 1 台低压 GGD 型交流柜，单点并网接入大楼

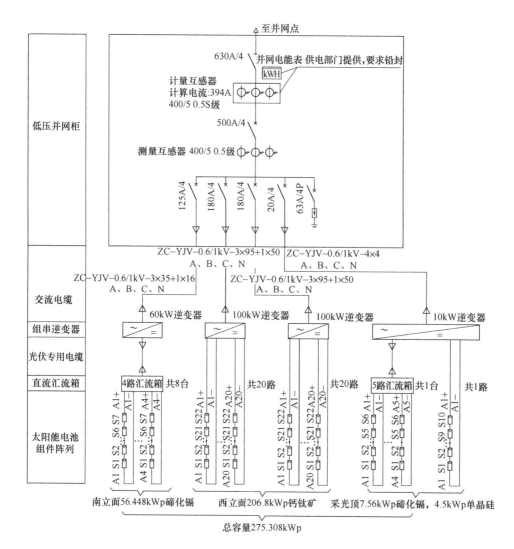

图 4-19   项目光伏系统图

配电低压侧。光伏并网柜设置在一层配电间。

同步进行供电公司的并网申请，申请资料及并网流程参见本书附录 D，以当地营业厅规定为准。

（5）光伏幕墙施工图应按照《建筑工程设计文件编制深度规定》编制，包含以下内容（篇幅所限，实际图纸略）：

1）封面；

2）扉页；

3）目录；

4）设计说明书；

5）设计图纸；

6）计算书。

4.3

光伏幕墙施工与验收

1. 施工落实

（1）幕墙龙骨面板安装

光伏幕墙设计工作经过现场交底后，正式进入施工环节，该环节是光伏幕墙实施的关键步骤，技术人员现场放样、核对图纸并提交下料单给光伏组件厂家、型材厂家、电气配件厂家、五金配件厂家等，然后经幕墙施工单位深加工制作组装后到现场安装。现场的大致流程如图4-20所示。

光伏幕墙的加工制作和安装与传统幕墙相比还有以下几点需要注意：

1）在加工制作环节需要注意下接线盒与光伏构件的关系（见图4-21～图4-23），经过论证，该工程采用了图4-22所示放置关系。

步骤1:现场放样、下料　　　　　　　　步骤2:工厂加工制作

步骤3:现场进场、现场吊装　　　　步骤4:支撑骨架安装　　　步骤5:放置走线护套

图 4-20　光伏幕墙加工制作和安装流程（一）

 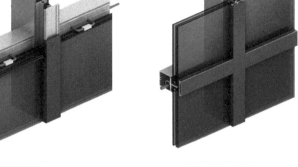 

步骤6:安装面板并穿线   步骤7:打胶、检查   步骤8:逆变器安装、室内封修

图 4-20   光伏幕墙加工制作和安装流程（二）

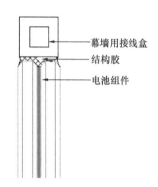

图 4-21   接线盒与双玻璃的关系（一）

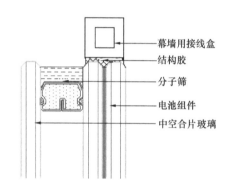

图 4-22   接线盒与中空玻璃的关系（二）

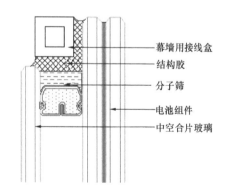

图 4-23   接线盒与双玻璃的关系（三）

2）立柱的制作还需注意线缆的便于检修和隐蔽：光电建筑的安装要比普通组件的安装难度大很多。一般光电建筑安装高度较高、安装空间较小。考虑到安装方便，该项目铝合金横梁室内侧设计了内开式隐线系统，解决了光伏系统线路检测和检修的难题，使光伏组件的连接线全部隐藏在幕墙结构中。

（2）布线及电气设备安装

南立面顶层立面光伏幕墙在横梁和立柱内完成光伏组件串联连接，如图 4-24 所示。光伏组件完成组串后，每一组串正负极线缆通过立柱至吊顶层处。在吊顶层处设置桥架，铺设至楼层强电井。光伏组串出线，通过吊顶内的桥架至强电井内直流汇流箱。直流汇流为壁挂式安装在强电井墙壁上。直流汇流箱出线通过强电井至屋面逆变器，逆变器为壁挂式安装在屋面水泥结构上。

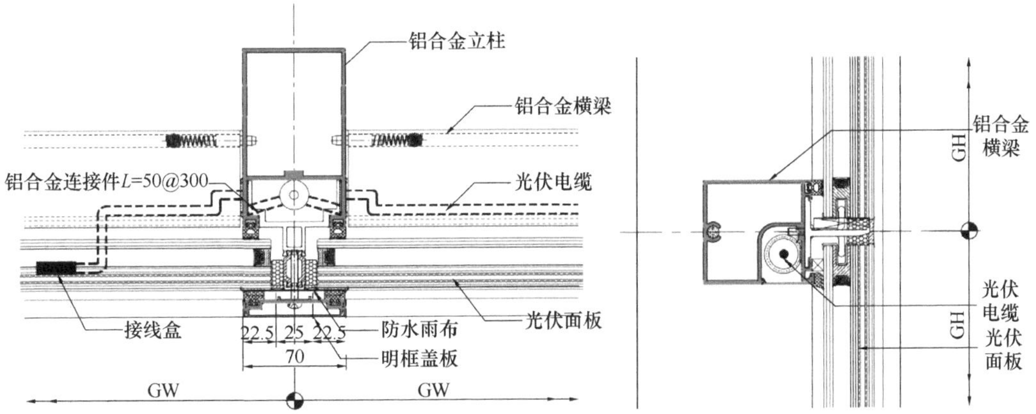

图 4-24　南立面顶层立面光伏幕墙光伏组件布线图

　　西立面金属板幕墙采用不透光组件，光伏组件布线设置在幕墙背面，光伏组串布线在组件背面完成，光伏组件与墙面空间较大，如图 4-25 所示。光伏组件背面空腔内布置合理桥架，每 3 层楼层组件完成组串后，打孔进室内吊顶层桥架，接至强电井内直流汇流箱。直流汇流为壁挂式，安装在强电井墙壁上。直流汇流箱出线通过强电井至一层光伏专用机房，逆变器为壁挂式，安装在光伏专用机房墙壁上。

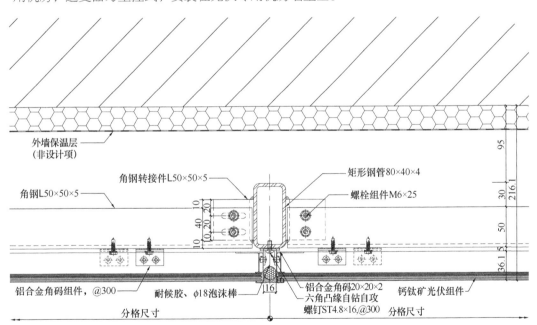

图 4-25　西立面金属板幕墙光伏组件布线图

　　光伏采光顶在横竖玻璃缝内完成光伏组件串联连接，如图 4-26 所示。光伏组件完成组串后，组串正负极线缆引至采光顶侧边铝板收边结构内进行走线，最终接至直流汇流箱。直流汇流箱和逆变器均为壁挂式，安装在屋面水泥结构上。

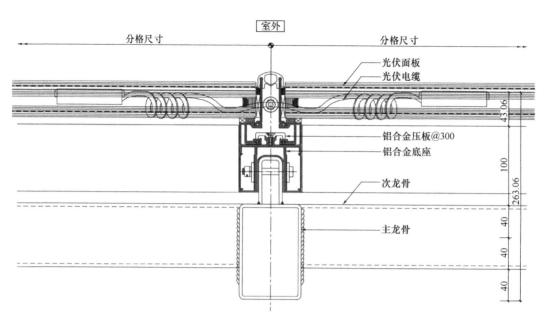

图 4-26 光伏采光顶光伏组件布线图

光伏并网柜为落地式安装，布置要求：柜后离墙不少于 800mm，柜侧离墙不少于 800mm，柜前离墙不少于 1500mm，如图 4-27 所示。

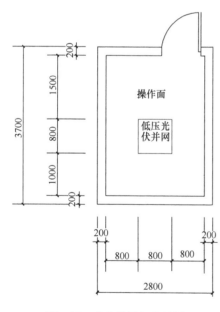

图 4-27 光伏并网柜布置图

（3）系统调试运行

1）基本条件

检查接地电极、等电位连接部件是否符合要求。

测量接地电阻：按接地电阻测试仪的说明书或作业指导书提供的方法测试系统的接地电阻，其值应小于 10Ω。

检查感应雷屏蔽装置接地和联通是否有效。

逆变器、并网保护系统，如逆变器等设备的完整性、锈蚀情况、接线端子有无松动，散热情况是否良好，安装是否符合安全和运行要求。

2）太阳能电池组件

检查组件的正反表面是否有足够的散热通道，符合散热要求，不致由于热量的积累严重影响输出的发电量。

保证组件受光面的清洁且无破损，保证组件无遮拦而影响发电效率，线缆无破损且接线紧固，绝缘性良好。

3）直流汇流箱（断路器处于断开位置）

检查汇流箱中接头是否锈蚀、松动。汇流箱结构和电气连接的整形,有无锈蚀和功能衰退等缺陷。

测试直流汇流箱输出(或逆变器进线端电压端)电压,判断太阳能电池输出是否正常;保持箱体内外的清洁,断路器在断开位置,电涌保护器指示窗口需呈绿色,线缆连接紧固且接线正确。

4)并网逆变器

散热良好,接线紧固且正确。

5)光伏并网柜

保持柜体外的清洁,通风良好,断路器在断开位置,线缆连接紧固且接线正确,并网前应先检查各个并网点是否具备并网条件,可以通过知识仪表或万用表测量并网点的电压、频率,必须保证并网点的相电压和频率在逆变器的工作范围内,否则逆变器将无法正常工作。

光伏所发电能并网之前,应先做好以下事项:

①逆变器处于开启状态,运转正常。

②交流并网柜断路器、浪涌保护、电力局计量互感器处于正常状态。

③交流并网柜中无遗落的工具。

④低压交流柜的光伏接入端子的断路器处于断开状态,浪涌保护处于正常状态,柜中无遗落的工具。

并网时,必须两个人同时在场,一人操作,一人监护。两人穿绝缘靴,戴绝缘手套。绝缘靴和绝缘手套都在有效期内。

合上汇流箱内相应断路器,电涌保护器开始起保护作用。

合上并网柜刀闸,再从电网侧开始依次闭合配电室原有光伏断路器、欠压脱扣总断路器、两个分断路器、两台逆变器,进行并网。如果在白天有太阳光照的情况下,闭合并网开关30s(有时更长,规具体情况而定),逆变器会自动并网运行。

待并网成功后,查看逆变器是否处于正常运行状态,查看输送到低压交流柜的电能各项参数是否处于正常状态。

如果出现异常,立即停止光伏电能向电网的输送,立即向专业技术人员汇报。

待专业技术人员将问题解决后,重复以上操作。

并网后,一切正常,闭锁交流并网柜的柜门和低压交流柜的柜门,填写并网日志。

系统停机,从逆变器侧开始依次断开两个分断路器、欠压脱扣总断路器、配电室原因光伏断路器,最后断开刀闸。

调试结束后,到供电公司报验,供电公司自受理并网验收申请之日起,在10工作日内完成电能计量装置的安装和发用电合同、并网调度协议等相关合同的签署工作。

2. 验收

(1)资料准备

验收需要的资料如表4-1所示。

项目验收需要的资料　　　　　　　　　　　　　　　　　表 4-1

类目名称	序号	主要项目文件
建设文件	1	屋面产权证明
	2	屋面租赁合同，如有
	3	能源管理合同，如有
	4	备案文件
	5	电网接入批复和电网接入施工单
设计文件	1	施工图及设计变更记录
	2	设计交底
	3	施工图会检记录
	4	各专业施工图纸
设备文件	1	主要设备材料认证证书及质检报告
	2	一次设备交接试验报告
	3	二次设备调试记录
施工文件	1	施工单位资质、施工人员资质报审
	2	施工组织设计、各施工方案及开（复）工报审
	3	分包单位、试验单位、主要供应商及调试单位资质报审
	4	主要施工机械、测量计量器具、试验设备检验报审
	5	人员资质报审（主要管理人员/特殊工作/特种作业人员）
	6	质量验收及评定项目划分报审表
	7	管理体系报审
	8	材料设备开箱报审表
	9	分部分项工程质量验收记录及评定资料（含土建、电气）
	10	隐蔽工程验收记录
	11	接地电阻测试记录
	12	并网前单位工程调试记录
	13	并网前单位工程验收记录
	14	试运行报告
	15	施工安全应急预案
	16	安全方案
	17	安全交底及三级安全教育资料
监理文件	1	监理规划及交底
	2	监理实施细则
	3	监理安全通知单
	4	监理通知单
	5	监理工作联系单
	6	旁站记录
	7	监理安全细则
	8	监理安全应急预案

（2）并网验收：并网验收由供电部门组织，由光伏幕墙业主单位参加，主要验收对象为涉网设备。

在电能计量装置安装、合同和协议签署完毕后，380V/220V电压等级接入的分布式电源，在10个工作日内完成并网验收与调试；10kV及以上电压等级接入的分布式电源，在20个工作日内完成并网验收与调试。对并网验收合格的，供电公司出具并网验收意见；对并网验收不合格的，提出整改方案。并网验收及调试通过后，分布式发电项目并网运行。

3. 维修保养手册

（1）光伏组件

光伏组件的运行与维护应符合下列规定：

光伏组件表面应保持清洁，清洗光伏组件时应注意：

1）应使用干燥或潮湿的柔软洁净的布料擦拭光伏组件，严禁使用腐蚀性溶剂或用硬物擦拭光伏组件；应该做到"一掸二刮三清洗"。

2）应在辐照度低于200W/m² 的情况下清洁光伏组件，不宜使用与组件温差较大的液体清洗组件。

3）严禁在风力大于4级、大雨或大雪的气象条件下清洗光伏组件。

光伏组件应定期检查，若发现下列问题应立即调整或更换光伏组件：

1）光伏组件存在玻璃破碎、背板灼焦、明显的颜色变化等现象。

2）光伏组件中存在与组件边缘或任何电路之间形成连通通道的气泡。

3）光伏组件接线盒变形、扭曲、开裂或烧毁，接线端子无法良好连接。

光伏组件上的带电警告标识不得丢失。

在无阴影遮挡条件下工作时，在太阳辐照度为500W/m² 以上，风速不大于2m/s的条件下，同一光伏组件外表面（电池正上方区域）温度差异应小于20℃。装机容量大于50kWp的光伏电站，应配备红外线热像仪，检测光伏组件外表面温度差异。

使用直流钳型电流表在太阳辐射强度基本一致的条件下测量接入同一个直流汇流箱的各光伏组件串的输入电流，其偏差应不超过5%。

（2）光伏幕墙

光伏幕墙应定期由专业人员检查、清洗、保养和维护，若发现下列问题应立即调整或更换：

1）中空玻璃结露、进水、失效，影响光伏幕墙工程的视线和热性能；

2）玻璃炸裂，包括玻璃热炸裂和钢化玻璃自爆炸裂；

3）镀膜玻璃脱膜，造成建筑美感丧失；

4）玻璃松动、开裂、破损等。

光伏幕墙的排水系统必须保持畅通，应定期疏通。

光伏幕墙的密封胶应无脱胶、开裂、起泡等不良现象，密封胶条不应发生脱落或损坏。

对光伏幕墙进行检查、清洗、保养、维修时所采用的机具设备（清洗机、吊篮等）必须牢固，操作灵活方便，安全可靠，并应有防止撞击和损伤光伏建材和光伏构件的措施。

在室内清洁光伏幕墙时，禁止水流入防火隔断材料及组件或方阵的电气接口。

隐框玻璃光伏幕墙更换玻璃时，应使用固化期满的组件整体更换。

（3）直流汇流箱

直流汇流箱的运行与维护应符合以下规定：

1）直流汇流箱不得存在变形、锈蚀、漏水、积灰现象，箱体外表面的安全警示标识应完整无破损，箱体上的防水锁启闭应灵活；

2）直流汇流箱内各个接线端子不应出现松动、锈蚀现象；

3）直流汇流箱内的高压直流熔丝的规格应符合设计规定；

4）直流输出母线的正极对地、负极对地的绝缘电阻应大于 2MΩ；

5）直流输出母线端配备的直流断路器，其分断功能应灵活、可靠；

6）直流汇流箱内防雷器应有效。

直流配电柜的运行与维护应符合以下规定：

1）直流配电柜不得存在变形、锈蚀、漏水、积灰现象，箱体外表面的安全警示标识应完整无破损，箱体上的防水锁开启应灵活；

2）直流配电柜内各个接线端子不应出现松动、锈蚀现象；

3）直流输出母线的正极对地、负极对地的绝缘电阻应大于 10MΩ；

4）直流配电柜的直流输入接口与汇流箱的连接应稳定可靠；

5）直流配电柜的直流输出与并网主机直流输入处的连接应稳定可靠；

6）直流配电柜内的直流断路器动作应灵活，性能应稳定可靠；

7）直流母线输出侧配置的防雷器应有效。

（4）并网逆变器

逆变器的运行与维护应符合下列规定：

1）逆变器结构和电气连接应保持完整，不应存在锈蚀、积灰等现象，散热环境良好，逆变器运行时不应有较大振动和异常噪声；

2）逆变器上的警示标识应完整无破损；

3）逆变器中模块、电抗器、变压器的散热器风扇根据温度自行启动和停止的功能应正常，散热风扇运行时不应有较大振动及异常噪声，如有异常情况应断电检查；

4）定期将交流输出侧（网侧）断路器断开一次，逆变器应立即停止向电网馈电；

5）逆变器中直流母线电容温度过高或超过使用年限，应及时更换。

（5）接地与防雷系统

光伏接地系统与建筑结构钢筋的连接应可靠。

光伏组件、幕墙结构、电缆金属铠装与屋面金属接地网格的连接应可靠。

光伏方阵与防雷系统共用接地线的接地电阻应符合相关规定。

光伏方阵的监视、控制系统、功率调节设备接地线与防雷系统之间的过电压保护装置功能应有效，其接地电阻应符合相关规定。

光伏方阵防雷保护器应有效，并在雷雨季节到来之前、雷雨过后及时检查。

（6）光伏并网柜及线路

光伏并网柜的维护应符合下列规定：

1）停电后应验电，确保在并网柜不带电的状态下进行维护；

2）在分段保养并网柜时，带电和不带电并网柜交界处应装设隔离装置；

3）操作交流侧真空断路器时，应穿绝缘靴，戴绝缘手套，并有专人监护；

4）在电容器对地放电之前，严禁触摸电容器柜；

5）并网柜保养完毕送电前，应先检查有无工具遗留在配电柜内；

6）并网柜保养完毕后，拆除安全装置，观察无误后，向并网柜逐级送电。

光伏并网柜维护时应注意以下项目：

1）确保配电柜的金属架与基础型钢用镀锌螺栓完好连接，且防松零件齐全；

2）配电柜标明被控设备编号、名称或操作位置的标识器件应完整，编号应清晰、工整；

3）母线接头应连接紧密，不应变形，无放电变黑痕迹，绝缘无松动和损坏，紧固连接螺栓不应生锈；

4）手车、抽出式成套配电柜推拉应灵活，无卡阻碰撞现象；动静头与静触头的中心线应一致，且触头接触紧密；

5）配电柜中开关、主触点不应有烧熔痕迹，灭弧罩不应烧黑和损坏，紧固各接线螺丝，清洁柜内灰尘；

6）把各分开关柜从抽屉柜中取出，紧固各接线端子；检查电流互感器、电流表、电度表的安装和接线，手柄操作机构应灵活可靠性，紧固断路器进出线，清洁开关柜内和配电柜后面引出线处的灰尘；

7）低压电器发热物件散热应良好，切换压板应接触良好，信号回路的信号灯、按钮、光字牌、电铃、电筒、事故电钟等动作和信号显示应准确；

8）检验柜、屏、台、箱、盘间线路的线间和线对地间绝缘电阻值，馈电线路必须大于 $0.5M\Omega$；二次回路必须大于 $1M\Omega$。

电线电缆维护时应注意以下项目：

1）电缆不应在过负荷的状态下运行，电缆的铅包不应出现膨胀、龟裂现象；

2）电缆在进出设备处的部位应封堵完好，不应存在直径大于 10mm 的孔洞，否则用防火堵泥封堵；

3）在电缆对设备外壳压力、拉力过大部位，电缆的支撑点应完好；

4）电缆保护钢管口不应有穿孔、裂缝和明显的凹凸不平，内壁应光滑；金属电缆管不应有严重锈蚀；不应有毛刺、硬物、垃圾，如有毛刺，锉光后用电缆外套包裹并扎紧；

5）应及时清理室外电缆井内的堆积物、垃圾；如电缆外皮损坏，应进行处理；

6）检查室内电缆明沟时，要防止损坏电缆；确保支架接地与沟内散热良好；

7）直埋电缆线路沿线的标桩应完好无缺；路径附近地面无挖掘；确保沿路径地面上无堆放重物、建材及临时设施，无腐蚀性物质排泄；确保室外露地面电缆保护设施完好；

8）确保电缆沟或电缆井的盖板完好无缺；沟道中不应有积水或杂物；沟内支架应牢固、有无锈蚀、松动现象；铠装电缆外皮及铠装不应有严重锈蚀；

9）多根并列敷设的电缆，应检查电流分配和电缆外皮的温度，防止因接触不良而引起电缆烧坏连接点；

10）确保电缆终端头接地良好，绝缘套管完好、清洁、无闪络放电痕迹；确保电缆相色应明显；

11）金属电缆桥架及其支架和引入或引出的金属电缆导管必须接地（PE）或接零（PEN）可靠；桥架与桥架间应用接地线可靠连接；

12）桥架穿墙处防火封堵应严密无脱落；

13）确保桥架与支架间螺栓、桥架连接板螺栓固定完好；

14）桥架不应出现积水。

（7）光伏幕墙

光伏幕墙系统应与建筑主体结构连接牢固，在台风、暴雨等恶劣的自然天气过后应普查光伏幕墙结构，使其符合设计要求。

光伏幕墙方阵整体不应有变形、错位、松动。

用于固定光伏幕墙的植筋或后置螺栓不应松动。

光伏幕墙的主要受力构件、连接构件和连接螺栓不应损坏、松动，焊缝不应开焊，金属材料的防锈涂膜应完整，不应有剥落、锈蚀现象。

光伏幕墙的支承结构之间不应存在其他设施；光伏系统区域内严禁增设对光伏系统运行及安全可能产生影响的设施。

（8）数据通信系统

监控及数据传输系统的设备应保持外观完好，螺栓和密封件应齐全，操作键接触良好，显示读数清晰。

对于无人值守的数据传输系统，系统的终端显示器每天至少检查 1 次有无故障报警，如果有故障报警，应该及时通知相关专业公司进行维修。

每年至少一次对数据传输系统中输入数据的传感器灵敏度进行校验，同时对系统的 A/D 变换器的精度进行检验。

数据传输系统中的主要部件，凡是超过使用年限的，均应该及时更换。

附录 A

光电构件标准规格

序号	厂家名称	使用位置	该处推荐型号	尺寸规格(长×宽×厚)(mm)	组件功率	实验室效率	转换效率	质保年限	使用年限	量产情况	原材料情况	衰减情况
1	龙焱能源科技(杭州)有限公司	立面或屋顶(不透明)	ASP-S1-100双玻3.2+3.3	1200×600×7	100kWp	20.30%	14.20%	10年	25年	量产充足		首年2%~3%,其余0.7%/年(10年90%,25年80%)
2		立面幕墙(仿石)	定制双玻仿石材铝板组件3.2+6	1200×600×7	50kWp	20.30%	14.20%	10年	25年			
3		立面幕墙(透明)	定制(ASP-INS1-185透光20%)6+3.2+6+12A+6	1200×1800×35	190kWp	20.30%	14.20%	10年	25年			
4		玻璃栏板(透明)	定制(ASP-ST1-54透光40%)6+3.2+6	1200×1200×17	120kWp	20.30%	14.20%	10年	25年			
5		采光顶(透明)	定制(ASP-LAT-190透光20%)5+3.2+5+12A+6+6	1200×1200×38	190kWp	20.30%	14.20%	10年	25年			
1	成都中建材光电材料有限公司	立面山墙面幕墙(不透明)	硫化镉发电组件	1200×1600	180kWp	19.50%	14.20%	10年	25年	成都基地产能100MW	镉是黄铜矿的伴生矿,除了用于某些红外雷达其他用处。一般镉在自然界大量存在,不是稀缺资源	25年80%
2		立面山墙面幕墙(彩色)	10种颜色碲化镉发电组件	1200×1600	180kWp	19.50%	14.20%	10年	25年			
3		幕墙、栏杆或采光顶(透明)	碲化镉(10%~40%)	1200×1600	120kWp×(0.9~0.6)	19.50%	14.20%	10年	25年			
4		采光顶(透明)	碲化镉(10%~40%)	1200×1600	120kWp	19.50%	14.20%	10年	25年			
5		屋顶BAPV	碲化镉发电组件	1200×1600	180kWp	19.50%	14.20%	10年	25年			

续表

序号	厂家名称	使用位置	该处推荐型号	尺寸规格（长×宽×厚）（mm）	组件功率	实验室效率	转换效率	质保年限	使用年限	量产情况	原材料情况	衰减情况
1	尚越光电科技股份有限公司	立面山墙面幕墙（不透明）	SY-CdF 双玻 5+3.2+5	1190×789.5×15.48	140kWp	23.40%	15.80%	5 年	25 年	产 CIGS 的电池的生产线—50MW	全产业链国产化率 98%，原材料采用贵金属，工艺复杂，成本高	10 年 90%，25 年 80%
2		屋顶 BAPV	ASP-S1-100 100Wp	1190×789.5×7.3	140kWp	23.40%	15.80%	5 年	25 年			
1	浙江正泰新能源开发有限公司	立面山墙面幕墙（单晶）	ASTRO5 Semi CHSM72M-HC	2256×1133×35	550Wp	24.50%	21.50%	12 年	25 年			首年自然衰减均不超过 2%，单玻组件第 2 年开始年衰减不超过 0.55%，25 年后功率不低于初始功率 84.8%；双玻组件第 2 年开始每年衰减不超过 0.45%，30 年后功率不低于初始功率的 84.95%
2		立面山墙面幕墙（单晶）	双玻组件：2+2 ASTRO4 Twins CHSM72M(DG)/F-BH	2256×1133×35	545Wp	24.50%	21.30%	12 年	30 年	量产，产能 4.2GW，供应量十分充足	原材料丰富，供应量十分充足	
3		采光顶（不透明单晶）	双玻组件：2+2 ASTRO4 Twins CHSM72M(DG)/F-BH	2256×1133×35	545Wp	27.40%	21.30%	12 年	30 年			
4		屋顶 BAPV	ASTRO5 Semi CHSM72M-HC	2256×1133×35	550Wp	24.50%	21.50%	12 年	25 年			

附录 B

光伏幕墙相关政策与法规

《北京市发展和改革委员会　北京市财政局　北京市住房和城乡建设委员会关于进一步支持光伏发电系统推广应用的通知》（京发改规〔2020〕6号）；

《上海市绿色发展行动指南（2020年版）》；

《国务院办公厅关于转发发展改革委住房城乡建设部绿色建筑行动方案的通知》（国办发〔2013〕1号）；

《南昌市推进绿色建筑发展管理工作实施细则（2021—2025）》；

《南京市建委南京市财政局关于印发〈南京市绿色建筑示范项目管理办法〉的通知》（宁建科字〔2021〕85号）；

安徽蚌埠市《关于印发〈蚌埠市薄膜太阳能发电系统产品在建筑上推广应用工作方案〉的通知》（蚌硅建办〔2020〕1号）。

附录 C

光伏幕墙相关标准

国家标准：

《建筑节能与可再生能源利用通用规范》GB 55015—2021；

《建筑碳排放计算标准》GB/T 51366—2019；

《建筑用太阳能光伏夹层玻璃》GB 29551—2013；

《建筑用太阳能光伏中空玻璃》GB/T 29759—2013；

《光伏发电站防雷技术要求》GB/T 32512—2016；

《光伏系统用直流断路器通用技术要求》GB/T 34581—2017；

《光伏发电站安全规程》GB/T 35694—2017；

《光伏组件检修规程》GB/T 36567—2018；

《光伏方阵检修规程》GB/T 36568—2018；

《光伏建筑一体化系统防雷技术规范》GB/T 36963—2018；

《光伏与建筑一体化发电系统验收规范》GB/T 37655—2019；

《建筑光伏系统应用技术标准》GB/T 51368—2019；

《建筑设计防火规范（2018 年版)》GB 50016—2014；

《低压熔断器 第 6 部分：太阳能光伏系统保护用熔断体的补充要求》GB/T 13539.6—2013；

《低压电气装置 第 7-712 部分：特殊装置或场所的要求 太阳能光伏（PV）电源系统》GB/T 16895.32—2021。

行业标准：

《太阳能光伏系统支架通用技术要求》JG/T 490—2016；

《建筑用光伏构件通用技术要求》JG/T 492—2016；

《建筑用柔性薄膜光伏组件》JG/T 535—2017；

《光伏建筑一体化系统运行与维护规范》JGJ/T 264—2012；

《太阳能光伏玻璃幕墙电气设计规范》JGJ/T 365—2015；

《光电建筑技术应用规程》TCBDA 39—2020；

《太阳能光伏发电系统与建筑一体化技术规程》CECS 418—2015；

《光伏发电站防雷技术规程》DL/T 1364—2014。

国家标准图集：

《建筑一体化光伏系统电气设计与施工》15D202-4；

《建筑太阳能光伏系统设计与安装》16J908-5；

《建筑铜铟镓硒薄膜光伏系统电气设计与安装（一）》19CD202-5。

地方标准：

安徽省蚌埠市《薄膜太阳能发电系统与建筑一体化构造图集》DB3403/T07—2020；

北京市《分布式光伏发电工程技术规范》DB11/T 1773—2020；

江苏省《建筑幕墙工程技术标准》DB32/T 4065—2021；

河北省《建筑幕墙用光伏系统通用技术要求》DB13/T 2826—2018；

上海市《建筑太阳能光伏发电应用技术标准》DG/TJ08—2004B—2020。

附录 D

光伏并网验收要求

按照表 D-1 提供申请资料，到营业厅直接办理并网申请。

并网申请资料

表 D-1

业务环节	资料名称	资料说明	备注
并网申请	1. 法人代表（或负责人）有效身份证明	身份证、军人证、护照、户口簿或公安机关户籍证明	只需其中一项
	2. 法人或其他组织有效身份证明	营业执照或组织机构代码证；宗教活动场所登记证；社会团体法人登记证书；军队、武警后勤财务部门核发的核准通知书或开户许可证	只需其中一项
	3. 土地合法性支持文件	(1)《土地使用证》； (2)《购房合同》； (3) 含有明确土地使用权判词且发生法律效力的法院法律文书（判决书、裁定书、调解书、执行书等）； (4) 租赁协议或土地权利人出具的场地使用证明	只需其中一项
	4. 授权委托书		
	5. 经办人有效身份证明文件		非本人办理时提供
	6. 政府主管部门同意项目开展前期工作的批复		需核准项目
	7. 发电项目前期工作及接入系统设计所需资料		多并网点 380/220V 接入或 10kV 及以上接入项目提供
	8. 用电相关资料	如一次主接线图、负荷情况等	大工业客户提供
	9. 建筑物及设施使用或租用协议		合同能源管理项目或公共屋顶光伏项目提供
	10. 物业、业主委员会或居民委员会的同意建设证明		住宅小区居民使用公共区域建设分布式电源提供

接入系统方案确定：受理申请后，供电公司将按照与申请用户约定的时间至现场查看接入条件，并在规定期限内答复接入系统方案。第一类项目 40 个工作日（其中分布式光

伏发电单点并网项目 20 个工作日,多点并网项目 30 个)、第二类项目 60 个工作日内答复接入系统方案。确认后,可根据接入系统方案开展项目核准和工程设计等工作。

设计文件审核:发电户可自行委托具备资质的设计单位,按照供电公司答复的接入系统方案开展工程设计。对于 380/220V 多并网点接入或 10kV 及以上接入的分布式电源项目,在设计完成后,请发电户及时提交设计文件(见表 D-2),供电公司将在 10 个工作日内完成审查并答复意见。

设计审查通过后,发电户可以根据答复意见开展接入系统工程建设等后续工作。若审查不通过,供电公司将提出具体的修改方案,发电户应修改完毕并经供电公司确认、通过后方可开展工程建设等后续工作。

接入系统工程设计审查资料   表 D-2

业务环节	资料名称	资料说明	备注
接入系统工程设计审查	1. 项目核准(或备案)文件		需核准(或备案)项目
	2. 项目管理方资料	工商营业执照、与客户签署的合作协议复印件	项目委托第三方管理提供
	3. 设计单位资质复印件		
	4. 接入工程初步设计报告、图纸及说明书		
	5. 主要电气设备一览表		
	6. 继电保护方式		
	7. 电能计量方式		
	8. 项目可行性研究报告		
	9. 隐蔽工程设计资料		380/220V 多并网点接入项目不提供
	10. 高压电气装置一、二次接线图及平面布置图		

并网验收及调试所需资料如表 D-3 所示。

电网注意事项:

(1)由发电户出资建设的分布式电源及其接入系统工程,其设计单位、施工单位及设备材料供应单位完全由发电户自主选择。

(2)供电公司在并网及后续结算服务中,不收取任何服务费用。

(3)在受理发电户的申请书后,供电公司将安排专属客户经理,为发电户全程提供业务办理服务。在业务办理过程中,如果发电户需要了解业务办理进度,可以直接与发电户的客户经理联系或拨打 95598 服务热线进行查询。

(4)若发电户属于 35kV 电压等级接入,年自发自用电量大于 50%,或 10kV 电压等级接入且单个并网点总装机容量超过 6MW,年自发自用电量大于 50% 的分布式电源项目,供电公司将在 60 个工作日内答复接入系统方案。

(5)发电户可以登录住房和城乡建设部网站查询并选择具备相应资质的设计单位;登

录浙江省电力用户受电工程市场信息与监管系统查询并选择具有相应资质的施工、试验单位。

（6）在完成并网后，请发电户及时向地市级财政、价格、能源主管部门，提出纳入补助目录申请；政府相关部门批准后，请及时告知供电公司，确保补助资金及时拨付到位。

（7）如无特殊说明，"客户申请所需资料"均指资料原件。

（8）光伏电池、逆变器等设备需取得国家授权的有资质的检测机构检测报告。

（9）380V/220V 多并网点接入项目和 10V 及以上接入项目需提交设计文件资料。

并网验收及调试资料   表 D-3

业务环节	资料名称	资料说明	备注
并网验收及调试	1. 施工单位资质	（1）承装（修、试）电力设施许可证； （2）建筑企业资质证书； （3）安全生产许可证	
	2. 主要设备技术参数、型式认证报告或质检证书	包括发电、逆变、变电、断路器、刀闸等设备	
	3. 并网前单位工程调试报告（记录）		220V 项目不提供
	4. 并网前单位工程验收报告（记录）		
	5. 并网前设备电气试验、继电保护整定、通信联调、电能量信息采集调试记录		
	6. 并网启动调试方案		35kV 项目、10kV 旋转电机类项目提供
	7. 项目运行人员名单（及专业资质证书）		35kV 项目、10kV 旋转电机类和 10kV 逆变器类项目提供

附录 E

光伏幕墙与屋顶光伏应用案例

E.1 世园会中国馆屋顶光伏项目

项目名称	世园会中国馆屋顶光伏项目		
项目地点	北京延庆		
竣工时间	2018 年 8 月		
建设单位	北京世界园艺博览会事务协调局		
运营单位	北京世界园艺博览会事务协调局		
组件类型/生产厂商	碲化镉薄膜/龙焱能源科技（杭州）有限公司		
建筑类型	公共建筑		
与建筑结合方式	屋面		
光伏系统形式	并网系统（自发自用，余电上网）		
建筑面积	9000m²	光伏阵列面积	1000m²
光伏装机功率	78kWp	光伏系统发电量	97411kWh/年
项目亮点	由 1024 块薄膜彩色透光光伏玻璃打造的巨型"玉如意"，寓意锦绣中华精髓，"高、精、尖、难"光伏技术成就"会呼吸、有生命"的绿色建筑之美。中国建筑设计研究院崔恺院士设计，绿色建筑三星		

E.2　山西大同未来能源展示馆

项目名称	山西大同未来能源展示馆		
项目地点	山西大同		
竣工时间	2019 年 9 月		
建设单位	大同市经济建设投资有限责任公司		
运营单位	大同市经济建设投资有限责任公司		
组件类型/生产厂商	碲化镉薄膜/龙焱能源科技（杭州）有限公司		
建筑类型	公共建筑		
与建筑结合方式	屋面、墙体立面		
光伏系统形式	并网系统＋微电网		
建筑面积	8000m²	光伏阵列面积	10700m²
光伏装机功率	960kWp	光伏系统发电量	123 万 kWh/年
项目亮点	建筑师对精准配色和较高发电量的要求通过建筑人与光伏人的共同努力得以实现。为了符合建筑师要求的白色"能源云"的理念，外立面有 1300 多片白色铝材型碲化镉薄膜组件，它们可以满足建筑本体用能的全需求		

E.3 雄安商务中心

项目名称	雄安商务中心		
项目地点	河北雄安		
竣工时间	在建		
建设单位	河北雄安集团城市发展投资有限公司		
运营单位	河北雄安商务服务中心有限责任公司		
组件类型/生产厂商	碲化镉薄膜/龙焱能源科技（杭州）有限公司		
建筑类型	公共建筑		
与建筑结合方式	屋面		
光伏系统形式	并网系统（自发自用，余电上网）		
建筑面积	13000m²	光伏阵列面积	4050m²
光伏装机功率	486.68kWp	光伏系统发电量	404755Wh/年
项目亮点	会展中心外观由朱红、陶瓷灰、乳白多种颜色交错，配以飞檐结构屋顶，既有现代时尚感又极富古典气息。该项目将达到绿色建筑三星级评价标准，屋面做了光伏建筑一体化的创新，磨砂效果的光伏板与陶瓦结合，既兼顾了发电效率与整体建筑效果，又避免反光带来的光污染		

E.4   嘉兴火车站

项目名称	嘉兴火车站		
项目地点	浙江嘉兴		
竣工时间	2021 年 6 月		
建设单位	中国铁路上海局集团有限公司		
运营单位	中国铁路上海局集团有限公司		
组件类型/生产厂商	碲化镉薄膜/龙焱能源科技（杭州）有限公司		
建筑类型	公共建筑		
与建筑结合方式	屋面		
光伏系统形式	并网系统（自发自用，余电上网）		
建筑面积	330000m^2	光伏阵列面积	10000m^2
光伏装机功率	1500kWp	光伏系统发电量	1750000Wh/年
项目亮点	作为嘉兴市"百年百项"重大项目和标志性工程，嘉兴火车站历经翻新改建后重新投入运营，为建党一百周年献礼。该项目被誉为"森林中的火车站"，同时也是一座会发电的"绿色"火车站。车站南北站房的屋顶均为圆弧顶，屋顶边缘至屋顶中心有近 2m 的高度差，为了达到外观美观协调，火车站光伏项目专门采用了独特的安装结构，巧妙地将碲化镉薄膜光电建材铺设成与屋顶曲面造型一致，将光伏与建筑屋面融为一体，彰显屋顶美学功能，将"建筑的第五立面"打造成为"生态第五立面"		

E.5 龙焱能源科技（杭州）有限公司 200kW 光伏电站金太阳工程

项目名称	龙焱能源科技（杭州）有限公司 200kW 光伏电站金太阳工程		
项目地点	浙江杭州		
竣工时间	2013 年 6 月		
建设单位	龙焱能源科技（杭州）有限公司		
运营单位	龙焱能源科技（杭州）有限公司		
组件类型/生产厂商	碲化镉薄膜/龙焱能源科技（杭州）有限公司		
建筑类型	工业建筑		
与建筑结合方式	屋面、墙体立面		
光伏系统形式	并网系统		
建筑面积	6000m²	光伏阵列面积	3500m²
光伏装机功率	200kWp	光伏系统发电量	205000kWh/年
项目亮点	项目创新采用了外挂式幕墙，利用温度变化使建筑达到显著的降温效果，同时具备建设成本较低、安全性更强的优点。外挂式幕墙的成功应用不仅拓宽了光伏幕墙产品应用的场景，还丰富了建筑设计思路，对今后的建筑幕墙设计具有重要的参考意义		

E.6 龙焱能源科技（杭州）有限公司屋顶光伏电站

项目名称	龙焱能源科技（杭州）有限公司屋顶光伏电站		
项目地点	浙江杭州		
竣工时间	2016 年 12 月		
建设单位	龙瑞新能源工程（杭州）有限公司		
运营单位	龙焱能源科技（杭州）有限公司		
组件类型/生产厂商	碲化镉薄膜/龙焱能源科技（杭州）有限公司		
建筑类型	工业建筑		
与建筑结合方式	屋面、墙体立面		
光伏系统形式	并网系统		
建筑面积	13000m²	光伏阵列面积	11400m²
光伏装机功率	968kWp	光伏系统发电量	1000000kWh/年

E.7　漯河美的物流园光伏采光顶项目

项目名称	漯河美的物流园光伏采光顶项目		
项目地点	河南漯河		
竣工时间	2019 年 5 月		
建设单位	河南华旭光能科技有限公司		
运营单位	漯河美的物流园		
组件类型/生产厂商	碲化镉薄膜/龙焱能源科技（杭州）有限公司		
建筑类型	工业建筑		
与建筑结合方式	屋面采光顶		
光伏系统形式	并网系统（自发自用，余电上网）		
建筑面积	/　　m²	光伏阵列面积	1200m²
光伏装机功率	141.95kWp	光伏系统发电量	150000kWh/年

E.8   上海电气临港重型机械装备制造有限公司分布式光伏电站

项目名称	上海电气临港重型机械装备制造有限公司分布式光伏电站		
项目地点	上海临港		
竣工时间	2020 年 12 月		
建设单位	龙瑞新能源工程（杭州）有限公司		
运营单位	龙焱能源科技（杭州）有限公司		
组件类型/生产厂商	碲化镉薄膜/龙焱能源科技（杭州）有限公司		
建筑类型	工业建筑		
与建筑结合方式	屋面、墙体立面		
光伏系统形式	并网系统		
建筑面积	27000m²	光伏阵列面积	20000m²
光伏装机功率	2000kWp	光伏系统发电量	2100000kWh/年

E.9 哈尼梯田全球重要农业文化遗传保护传承学校屋顶光伏项目

项目名称	哈尼梯田全球重要农业文化遗传保护传承学校屋顶光伏项目		
项目地点	云南红河		
竣工时间	2020 年 12 月		
建设单位	红河县文化和旅游局		
运营单位	红河县文化和旅游局		
组件类型/生产厂商	碲化镉薄膜/龙焱能源科技（杭州）有限公司		
建筑类型	公共建筑		
与建筑结合方式	屋顶		
光伏系统形式	并网系统（自发自用，余电上网）		
建筑面积	1392.28m²	光伏阵列面积	290m²
光伏装机功率	15kWp	光伏系统发电量	21500kWh/年
项目亮点	该项目屋面采用碲化镉薄膜光伏组件定制而成的红色瓦屋面，与当地特有的红土地奇观相呼应。用绿色光伏电力将哈尼梯田文化保护传承学校打造成世界梯田中心，充分发挥生态保护、衔接乡村振兴、巩固脱贫攻坚成果的功能		

E.10 怀来县官厅水库国家公园湿地博物馆

项目名称	怀来县官厅水库国家公园湿地博物馆		
项目地点	河北怀来		
竣工时间	2020 年 9 月		
建设单位	河北怀来官厅水库国家湿地公园管理处		
运营单位	河北怀来官厅水库国家湿地公园管理处		
组件类型/生产厂商	碲化镉薄膜/龙焱能源科技（杭州）有限公司		
建筑类型	公共建筑		
与建筑结合方式	屋面		
光伏系统形式	并网系统（自发自用，余电上网）		
建筑面积	5500m²	光伏阵列面积	200m²
光伏装机功率	20kWp	光伏系统发电量	25168.9kWh/年
项目亮点	河北怀来官厅水库国家公园湿地博物馆是集湿地生态系统展示、怀来历史文化、官厅水库建设历程、科普宣教和专题展览等功能为一体的综合性场馆。其主体造型为漂浮之环，建筑结构形式为钢结构，采用彩色薄膜光伏发电系统；太阳能供热、供水系统；屋顶为全视野、雨水湿地花园；同时采用了室内空气质量检测联动系统以及楼宇智能控制系统；室外以海绵城市理念整体布局，整体体现了科技、节能、环保、绿色的设计理念		

E.11　嘉兴秀洲光伏科技馆

项目名称	嘉兴秀洲光伏科技馆		
项目地点	嘉兴市秀洲区		
竣工时间	2017 年 9 月		
建设单位	嘉兴市秀湖实业投资有限公司		
运营单位	嘉兴市秀湖实业投资有限公司		
组件类型/生产厂商	碲化镉薄膜/龙焱能源科技（杭州）有限公司		
建筑类型	公共建筑		
与建筑结合方式	屋面、墙体立面		
光伏系统形式	并网系统（自发自用，余电上网）		
建筑面积	8695m²	光伏阵列面积	5556m²
光伏装机功率	390kWp	光伏系统发电量	31.2 万 kWh/年
项目亮点	嘉兴秀洲光伏科技馆是国内首座全 BIPV 构件公共建筑。这座造形别致的光伏科技馆不仅是光伏知识普及、新能源教育、光伏产品展示和推介的重要场所，还有全息成像、光伏场景再现、光伏课堂等多种互动体验模式，建筑外部结构从幕墙到屋顶全部采用了薄膜光伏组件，白天吸收光能，晚上则自动进入储能系统		

E.12   义马市人民医院采光顶项目

项目名称	义马市人民医院采光顶项目		
项目地点	河南义马		
竣工时间	2016 年 11 月		
建设单位	河南华旭光能科技有限公司		
运营单位	义马市人民医院		
组件类型/生产厂商	碲化镉薄膜/龙焱能源科技（杭州）有限公司		
建筑类型	公共建筑		
与建筑结合方式	屋面采光顶		
光伏系统形式	并网系统（自发自用，余电上网）		
建筑面积	/ m²	光伏阵列面积	408.24m²
光伏装机功率	40.824kWp	光伏系统发电量	41000kWh/年

E.13　浙江职业技术学院阳光房

项目名称	浙江职业技术学院阳光房		
项目地点	浙江杭州		
竣工时间	2017 年 7 月		
建设单位	浙江职业技术学院		
运营单位	浙江职业技术学院		
组件类型/生产厂商	碲化镉薄膜/龙焱能源科技（杭州）有限公司		
建筑类型	公共建筑		
与建筑结合方式	屋面		
光伏系统形式	并网系统（自发自用，余电上网）		
建筑面积	/　m²	光伏阵列面积	60m²
光伏装机功率	7.9kWp	光伏系统发电量	/　kWh/年
项目亮点	该项目将光伏发电与温室建筑完美融合，集污水处理和花卉种植于一体。建筑屋面呈坡形与地面组成约 30°角，屋顶和四周由 60 片碲化镉薄膜光伏组件组成，透光均匀。室内配有 LED 补光灯、碳纤维取暖灯、温湿控制器、空气加热器（冷却器）、室内喷雾器等环境系统，并有监控探头实时监控、远程管理，所有电器设备都可由温室自身所发的光伏电力供给		

E.14   浙能产业园综合展示馆

项目名称	浙能产业园综合展示馆		
项目地点	浙江长兴		
竣工时间	2019 年 10 月		
建设单位	浙江德升新能源科技公司		
运营单位	浙江浙能智慧能源科技产业园有限公司		
组件类型/生产厂商	碲化镉薄膜/龙焱能源科技（杭州）有限公司		
建筑类型	公共建筑		
与建筑结合方式	墙体立面，原有建筑改建		
光伏系统形式	离网系统＋光伏储能（有市电互补）		
建筑面积	/ m²	光伏阵列面积	/ m²
光伏装机功率	55kWp	光伏系统发电量	50000kWh/年
项目亮点	作为浙能产业园综合展示馆的配套设施，该项目利用园区内太阳能、风能等可再生能源，在综合展示馆及周边搭建了一套包含 55kW 屋顶及幕墙光伏、4kW 风电及 50kW/200kWh 储能电站的综合能源微电网系统，实现综合展示馆用能自给自足。在综合展示馆不用电或者少量用电时，储能系统可将多余电量存储起来，在光伏和风机出力不足时，储能系统放电，补充电力，实现能源最大利用，减少用电费用负担		

E.15　郑州奥体中心项目

项目名称	郑州奥体中心项目		
项目地点	河南郑州		
竣工时间	2019 年 5 月		
建设单位	中建八局		
运营单位	郑州地产集团有限公司		
组件类型/生产厂商	碲化镉薄膜/龙焱能源科技（杭州）有限公司		
建筑类型	公共建筑		
与建筑结合方式	屋面		
光伏系统形式	并网系统（全额上网）		
建筑面积	57.36 万 m²	光伏阵列面积	4000m²
光伏装机功率	500kWp	光伏系统发电量	55 万 kWh/年

E.16   滨江国网双创光伏幕墙＋光伏路＋光伏瓦项目

项目名称	滨江国网双创光伏幕墙＋光伏路＋光伏瓦项目		
项目地点	浙江杭州		
竣工时间	2019 年 5 月		
建设单位	杭州意能电力技术有限公司		
运营单位	杭州意能电力技术有限公司		
组件类型/生产厂商	碲化镉薄膜/龙焱能源科技（杭州）有限公司		
建筑类型	公共建筑		
与建筑结合方式	原有建筑改建，墙体立面、光伏路、光伏瓦		
光伏系统形式	并网系统（自发自用，余电上网）		
建筑面积	39156m²	光伏装机功率	25.99kWp
项目亮点	该项目致力于打造"智慧、绿色、低碳、高效"的综合能源服务示范基地，集成了分布式光伏系统、分散式垂直轴风电系统和户用储能系统，并采用了多元光伏应用场景，包括光伏路面系统、光伏幕墙系统、智慧小屋光伏瓦系统、屋面分布式光伏系统和智慧小屋户用储能系统		

E.17　杭州三堡船闸采光顶项目

项目名称	杭州三堡船闸采光顶项目		
项目地点	浙江杭州		
竣工时间	2015 年 6 月		
建设单位	杭州市南排工程建设管理处		
运营单位	杭州市南排工程建设管理处		
组件类型/生产厂商	碲化镉薄膜/龙焱能源科技（杭州）有限公司		
建筑类型	公共建筑		
与建筑结合方式	屋面采光顶		
光伏系统形式	并网系统（自发自用，余电上网）		
建筑面积	7850m²	光伏阵列面积	1000m²
光伏装机功率	57.6kWp	光伏系统发电量	58260.3kWh/年
项目亮点	杭州三堡排涝工程获得中国建设工程鲁班奖，这座国内首个获得国家绿色三星建筑标识的水利工程，成为展示杭州"五水共治"的绿色窗口和金名片。项目采光顶采用透光型碲化镉薄膜光伏组件。该项目的成功是工程建设多方共同努力，密切配合的结果		

E.18　杭州三墩西湖科技园区国家分布式能源技术研发中心光伏幕墙

项目名称	杭州三墩西湖科技园区国家分布式能源技术研发中心光伏幕墙		
项目地点	杭州三墩西湖科技园区		
竣工时间	2014 年 7 月		
建设单位	华电电科院		
运营单位	华电电科院		
组件类型/生产厂商	碲化镉薄膜/龙焱能源科技（杭州）有限公司		
建筑类型	公共建筑		
与建筑结合方式	墙体立面，原有建筑改建		
光伏系统形式	并网系统（自发自用，余电上网）		
建筑面积	300m²	光伏阵列面积	300m²
光伏装机功率	16.5kWp	光伏系统发电量	14575kWh/年

E.19 河南华旭光能科技有限公司办公室光伏采光顶项目

项目名称	河南华旭光能科技有限公司办公室光伏采光顶项目		
项目地点	河南郑州		
竣工时间	2015 年 6 月		
建设单位	河南华旭光能科技有限公司		
运营单位	河南华旭光能科技有限公司		
组件类型/生产厂商	碲化镉薄膜/龙焱能源科技（杭州）有限公司		
建筑类型	公共建筑		
与建筑结合方式	屋面采光顶、墙体立面		
光伏系统形式	并网系统（自发自用，余电上网）		
建筑面积	1586m²	光伏阵列面积	200m²
光伏装机功率	20kWp	光伏系统发电量	21000kWh/年

E.20   嘉兴秀洲科创服务中心

项目名称	嘉兴秀洲科创服务中心		
项目地点	嘉兴秀洲区		
竣工时间	2019 年 2 月		
建设单位	嘉兴市秀湖实业投资有限公司		
运营单位	嘉兴市秀湖实业投资有限公司		
组件类型/生产厂商	碲化镉薄膜/龙焱能源科技（杭州）有限公司		
建筑类型	公共建筑		
与建筑结合方式	墙体立面		
光伏系统形式	并网系统（自发自用，余电上网）		
建筑面积	66763m²	光伏阵列面积	2082m²
光伏装机功率	150kWp	光伏系统发电量	156627.4kWh/年
项目亮点	光伏幕墙采用构件式明框及局部竖明横隐组合幕墙系统，鱼鳞状区域采用碲化镉发电玻璃。项目在设计建设过程中解决了光伏幕墙的众多高难度技术问题，比如严格要求光伏发电玻璃和 Low-E 玻璃的颜色统一、超大尺寸、发电玻璃组串设计、走线隐线设计等。该项目是第一个光伏发电玻璃达到 Low-E 玻璃效果的高层建筑项目。项目完美落成后得到了建筑设计师、业主及国内外行业专家的高度肯定和认可		

E.21　联想集团采光顶项目

项目名称	联想集团采光顶项目		
项目地点	北京		
竣工时间	2016 年 3 月		
建设单位	联想（北京）有限公司		
运营单位	联想（北京）有限公司		
组件类型/生产厂商	碲化镉薄膜/龙焱能源科技（杭州）有限公司		
建筑类型	公共建筑		
与建筑结合方式	屋面采光顶		
光伏系统形式	并网系统（自发自用，余电上网）		
建筑面积	/　m²	光伏阵列面积	205m²
光伏装机功率	5kWp	光伏系统发电量	9975kWh/年

E.22 青海国投广场项目

项目名称	青海国投广场项目		
项目地点	青海西宁		
竣工时间	2018 年 8 月		
建设单位	江苏杰方节能建材科技有限公司		
运营单位	江苏杰方节能建材科技有限公司		
组件类型/生产厂商	碲化镉薄膜/龙焱能源科技（杭州）有限公司		
建筑类型	公共建筑		
与建筑结合方式	墙体立面		
光伏系统形式	并网系统（自发自用，余电上网）		
建筑面积	12000m²	光伏阵列面积	1000m²
光伏装机功率	70kWp	光伏系统发电量	112111kWh/年

E.23　上海漕河泾开发区国际双创园幕墙工程

项目名称	上海漕河泾开发区国际双创园幕墙工程		
项目地点	山西大同		
竣工时间	2019 年 11 月		
建设单位	大同市经济建设投资有限公司		
运营单位	大同市经济建设投资有限公司		
组件类型/生产厂商	碲化镉薄膜/龙焱能源科技（杭州）有限公司		
建筑类型	公共建筑		
与建筑结合方式	屋面、墙体立面		
光伏系统形式	离网系统＋光伏储能（有市电互补）		
建筑面积	4000m²	光伏阵列面积	2000m²
光伏装机功率	192kWp	光伏系统发电量	180000kWh/年

E.24 长垣富臣电力光伏幕墙项目

项目名称	长垣富臣电力光伏幕墙项目		
项目地点	河南长垣		
竣工时间	2016 年 11 月		
建设单位	河南华旭光能科技有限公司		
运营单位	富臣电力		
组件类型/生产厂商	碲化镉薄膜/龙焱能源科技（杭州）有限公司		
建筑类型	公共建筑		
与建筑结合方式	墙体立面		
光伏系统形式	并网系统（自发自用，余电上网）		
建筑面积	/ m²	光伏阵列面积	112.32m²
光伏装机功率	11kWp	光伏系统发电量	11000kWh/年

E.25　浙江天能智慧能源体验馆

项目名称	浙江天能智慧能源体验馆		
项目地点	浙江湖州		
竣工时间	2020 年 9 月		
建设单位	浙江天旺智慧能源有限公司		
运营单位	浙江天旺智慧能源有限公司		
组件类型/生产厂商	碲化镉薄膜/龙焱能源科技（杭州）有限公司		
建筑类型	公共建筑		
与建筑结合方式	屋面采光顶、光伏幕墙		
光伏系统形式	并网系统（自发自用，余电上网）		
建筑面积	200m²	光伏阵列面积	200m²
光伏装机功率	17.224kWp	光伏系统发电量	20000kWh/年

E.26　中国国家大剧院——舞美基地

项目名称	中国国家大剧院——舞美基地		
项目地点	北京通州		
竣工时间	2018 年 11 月		
建设单位	北京城建六公司		
运营单位	国家大剧院		
组件类型/生产厂商	碲化镉薄膜/龙焱能源科技（杭州）有限公司		
建筑类型	公共建筑		
与建筑结合方式	墙体立面		
光伏系统形式	并网系统（自发自用，余电上网）		
建筑面积	59718m²	光伏阵列面积	7000m²
光伏装机功率	608kWp	光伏系统发电量	620160kWh/年

E.27 德和酒店项目

项目名称	德和酒店项目		
项目地点	河南郑州		
竣工时间	2017 年 3 月		
建设单位	河南华旭光能科技有限公司		
运营单位	德合酒店		
组件类型/生产厂商	碲化镉薄膜/龙焱能源科技（杭州）有限公司		
建筑类型	公共建筑		
与建筑结合方式	屋面采光顶		
光伏系统形式	并网系统（自发自用，余电上网）		
建筑面积	/ m²	光伏阵列面积	300m²
光伏装机功率	30kWp	光伏系统发电量	30000kWh/年

E.28   南京别墅阳光房项目

项目名称	南京别墅阳光房项目		
项目地点	江苏南京		
竣工时间	2019 年 5 月		
建设单位	龙焱能源科技（杭州）有限公司		
运营单位	龙焱能源科技（杭州）有限公司		
组件类型/生产厂商	碲化镉薄膜/龙焱能源科技（杭州）有限公司		
建筑类型	居住建筑		
与建筑结合方式	屋面		
光伏系统形式	并网系统（自发自用，余电上网）		
建筑面积	/ m²	光伏阵列面积	32m²
光伏装机功率	3.5kWp	光伏系统发电量	3569kWh/年

E.29　青青美庐阳光房项目

项目名称	青青美庐阳光房项目		
项目地点	河南郑州		
竣工时间	2016 年 3 月		
建设单位	河南华旭光能科技有限公司		
运营单位	/		
组件类型/生产厂商	碲化镉薄膜/龙焱能源科技（杭州）有限公司		
建筑类型	居住建筑		
与建筑结合方式	屋面采光顶		
光伏系统形式	并网系统（自发自用，余电上网）		
建筑面积	/　　m²	光伏阵列面积	38.8m²
光伏装机功率	8kWp	光伏系统发电量	8000kWh/年

E.30   北京阳光棚采光顶

项目名称	北京阳光棚采光顶		
项目地点	北京火器营		
竣工时间	2017 年 6 月		
建设单位	北京远方动力可再生能源科技股份公司		
运营单位	北京远方动力可再生能源科技股份公司		
组件类型/生产厂商	碲化镉薄膜/龙焱能源科技（杭州）有限公司		
建筑类型	公共建筑		
与建筑结合方式	屋面采光顶		
光伏系统形式	并网系统（自发自用，余电上网）		
建筑面积	/ m²	光伏阵列面积	2200m²
光伏装机功率	206kWp	光伏系统发电量	410970kWh/年

E.31　杭州千岛湖光伏智能公交车候车亭

项目名称	杭州千岛湖光伏智能公交车候车亭		
项目地点	浙江杭州		
竣工时间	2015 年 7 月		
建设单位	千岛湖公交公司		
运营单位	淳安县光伏智能公司		
组件类型/生产厂商	碲化镉薄膜/龙焱能源科技（杭州）有限公司		
建筑类型	公共建筑：公交车候车亭		
与建筑结合方式	屋面采光顶		
光伏系统形式	离网系统＋光伏储能（无市电互补）		
建筑面积	约 1000m²	光伏阵列面积	约 720m²
光伏装机功率	119kWp	光伏系统发电量	95200kWh/年
项目亮点	采用太阳能充放控制器和高性能蓄电池，配置 LED 显示屏、LED 广告灯箱、视频监控系统、无线路由 WIFI 设备、报警系统，由光伏绿色电力助力公交候车亭智能化，为市民带来良好体验感		

E.32   江门中山加油站

项目名称	江门中山加油站		
项目地点	广东江门		
竣工时间	2020 年 1 月		
建设单位	广东德恒龙焱能源科技有限公司		
设计单位	广东南控电力有限公司		
运营单位	/		
组件类型/生产厂商	碲化镉薄膜/龙焱能源科技（杭州）有限公司		
建筑类型	工业建筑：加油站		
与建筑结合方式	屋面		
光伏系统形式	并网系统（自发自用，余电上网）		
建筑面积	/ m²	光伏阵列面积	403.2m²
光伏装机功率	42kWp	光伏系统发电量	45000kWh/年

E.33 龙焱能源公司车棚

项目名称	龙焱能源公司车棚		
项目地点	浙江杭州		
竣工时间	2017 年 12 月		
建设单位	龙焱能源科技（杭州）有限公司		
运营单位	龙焱能源科技（杭州）有限公司		
组件类型/生产厂商	碲化镉薄膜/龙焱能源科技（杭州）有限公司		
建筑类型	公共建筑：停车棚		
与建筑结合方式	屋面		
光伏系统形式	并网系统（自发自用，余电上网）		
建筑面积	/ m²	光伏阵列面积	120m²
光伏装机功率	20kWp	光伏系统发电量	19210kWh/年

E.34　南京溧水羲和农业大棚

项目名称	南京溧水羲和农业大棚		
项目地点	南京溧水		
竣工时间	2017 年 11 月		
建设单位	中建中环工程有限公司		
运营单位	羲和太阳能电力有限公司		
组件类型/生产厂商	碲化镉薄膜/龙焱能源科技（杭州）有限公司		
建筑类型	工业建筑：农业大棚		
与建筑结合方式	屋面采光顶		
光伏系统形式	并网系统（自发自用，余电上网）		
建筑面积	/　　　m²	光伏阵列面积	3343.68m²
光伏装机功率	288.96kWp	光伏系统发电量	294694kWh/年

E.35　苏州冯梦龙农业大棚

项目名称	苏州冯梦龙农业大棚		
项目地点	苏州黄埭镇		
竣工时间	2016 年 9 月		
建设单位	浙江杰力惠科技有限公司		
运营单位	浙江杰力惠科技有限公司		
组件类型/生产厂商	碲化镉薄膜/龙焱能源科技（杭州）有限公司		
建筑类型	工业建筑：农业大棚		
与建筑结合方式	屋面		
光伏系统形式	并网系统（自发自用，余电上网）		
建筑面积	/m²	光伏阵列面积	3072m²
光伏装机功率	290Wp	光伏系统发电量	296217kWh/年